JN074749

モダンJavaScriptの 基本 から始める

React

実践の教科書

じゃけぇ 著
（岡田拓巳）

SB Creative

本書に関するお問い合わせ

この度は小社書籍をご購入いただき誠にありがとうございます。小社では本書の内容に関するご質問を受け付けております。本書を読み進めていただきます中でご不明な箇所がございましたらお問い合わせください。なお、お問い合わせに関しましては下記のガイドラインを設けております。恐れ入りますが、ご質問の際は最初に下記ガイドラインをご確認ください。

ご質問の前に

小社 Web サイトで「正誤表」をご確認ください。最新の正誤情報をサポートページに掲載しております。

- 本書サポートページ URL

  https://isbn2.sbcr.jp/10722/

ご質問の際の注意点

- ご質問はメール、または郵便など、必ず文書にてお願いいたします。お電話では承っておりません。
- ご質問は本書の記述に関することのみとさせていただいております。従いまして、○○ページの○○行目というように記述箇所をはっきりお書き添えください。記述箇所が明記されていない場合、ご質問を承れないことがございます。
- 小社出版物の著作権は著者に帰属いたします。従いまして、ご質問に関する回答も基本的に著者に確認の上回答いたしております。これに伴い返信は数日ないしそれ以上かかる場合がございます。あらかじめご了承ください。

ご質問送付先

ご質問については下記のいずれかの方法をご利用ください。

▶ Web ページより

上記のサポートページ内にある「この商品に関する問い合わせはこちら」をクリックすると、メールフォームが開きます。要綱に従って質問内容を記入の上、送信ボタンを押してください。

▶郵送

郵送の場合は下記までお願いいたします。
〒 105-0001 東京都港区虎ノ門 2-2-1
SB クリエイティブ 読者サポート係

まえがき

React の習得に苦戦する理由は「JavaScript」への理解不足です。

　これは多くの人の相談にのる中での発見でした。筆者は 2 年以上にわたって毎月勉強会を主催しており、ありがたいことに今では毎回 50 人以上参加して頂けるようなコミュニティになりました。そこで「React の勉強挫折しました」という声をたくさんの人から聞き、相談にのってきました。そして聞いていく中で挫折している人にはある共通点があることに気付きました。それが**「JavaScript そのものへの理解不足」**や**「学習順序を間違えている」**ということです。

　React の学習曲線には大きく 2 つの壁があるのではないかと思っています。1 つは学習し始めで、React の独特な記法や世界観に慣れず、うまくコードを書けないという壁。2 つ目は React 中級者から上級者になるための壁です。よりテスタブルな設計やパフォーマンス向上のための様々な施策を実施できる能力が求められます。本書はこの 1 つ目の壁を越える手助けをすることを目的に執筆しました。この壁を適切なステップで越えることで**「React すごい！」「React 楽しい！」**と思えるようになり、その後の勉強がスムーズになります。

　本書はオンライン動画学習プラットフォームである Udemy で筆者が作成し、最高評価を獲得した 2 つの React コースをサマライズし適宜内容の追加、修正を行い執筆しました。また、ストーリー形式で登場人物の会話などを間に挟んでいくことで、入門者でもよりイメージしやすいようになっています。本書に書いていることは筆者自身が現場で実際に経験したことも含まれているので、これからプログラミング業界に身を置くという人にも楽しんで読んでもらえるのではないかと思います。

　React はこれからまだまだ日本で確実に伸びるライブラリであり、フロントエンド開発の有力な選択肢のひとつです。読者の皆様がこのアツい技術である React に入門するための一助に本書がなれれば幸いです。

2021 年 8 月
Reach Script Inc.
じゃけぇ（岡田拓巳）

本書について

対象読者

- React を習得したい人
- React の学習を一度挫折した人
- 従来の JavaScript からモダン JavaScript への変遷を知りたい人
- モダンフロントエンドの概要を把握しておきたいサーバーサイドエンジニアやインフラエンジニア

本書の構成

　本書は 1 冊を通してとある会社に所属する主田（ぬしだ）という主人公が React を習得していく流れをストーリー形式で描いています。各章の初めに Episode セクションがありそこではストーリーを紹介し、それ以外の箇所では解説を行っています。

主田（ぬしだ）

入社 3 年目。今年から異動になりフロントエンドを担当することになった。
まだ現場での経験は浅く未熟なところはあるものの、向上心が高く周囲からの期待の声も多い

　まず 1 〜 3 章では React の勉強を始める上で重要な JavaScript の基礎を学びます。前述しましたが、挫折せずに React を習得するためには、ここが非常に大切となります。

　4 章以降では「React の基本」や「React で CSS を扱う方法」、「再レンダリングについて」、「グローバルな State 管理」、「React 開発での TypeScript の使い方」等、これから React 開発を進める中で必要となる知識を紹介しています。

ハッシュタグ

本書のハッシュタグは **# 挫折しない React 本**となっています。

感想等を Twitter 等の SNS でシェアしていただけるとうれしいです。筆者も
シェアいただいた感想を読ませてもらいますので、是非よろしくお願いいたしま
す（良い評価も指摘も目に見える形でいただけるのは非常に嬉しいです）。

サンプルファイルのダウンロード

本書で解説しているサンプルコードは、以下のプロダクトサイトよりダウン
ロードできます。学習を進める際の参考情報として是非ご利用ください。

なお、サンプルコードのダウンロードを行う際は、プロダクトサイトに記載し
ている注意事項をご一読くださいますようお願いいたします。

プロダクトサイト URL：https://isbn2.sbcr.jp/10722/

contents

1

React を始める前に
知っておきたい
モダン JavaScript の基礎

モダンフロントエンドに馴染みがない場合は、いきなり React の勉強を始めても混乱してしまいます。まずは、フロントエンドの周辺知識や概念を理解していきましょう！

第4事業部に配属された僕は不安と期待が入り混じったような不思議な気持ちで新しいデスクに座っていた。

 （VB［Visual Basic］しかやったことないからな…モダンな開発の勝手も知らないしな、戦力外通告されたらどうしよ…あーこんなことならもっと個人開発とかやって勉強しとくんだった…）

 君が新しいメンバー？？

後ろから声をかけてくれたこの女性は先岡（さきおか）さんだ。6年目のフロントエンドエンジニアで、学習意欲や技術力が高く社内でも一目おかれている。僕にとっては憧れの大先輩だ。

先岡（さきおか）

フロントエンドエンジニア
入社6年目
React が得意で個人的に勉強
会を主催する等、学習意欲が高
く社内での評価も高い

 今日からメンバーに加わった主田です！よろしくお願いします！

 よろしくね。初めは大変だと思うけど頑張ってね。主田君には React を頑張ってほしいと思うんだけどやったことはある？

 いや…正直経験ないです…半年くらい前に Progate とか公式サイトを見てコードを書いてみたことはあるんですけど何やってるかサッパリで挫折してしまいました…

あーたぶん主田君、**勉強の順番間違ってる**ね

 え、順番ですか？？

 Reactの習得に苦戦してる人のほとんどは、**そもそもJavaScriptへの理解が足りてない**んだよね。例えば仮想DOM、モジュールバンドラー、分割代入、スプレッド構文、アロー関数……とかとか今言った中に理解できてないことがあったらReactの勉強しても分かるわけがないって感じ

目からウロコとはこのことだった。確かに公式サイトを見て「こう書いたらこう動く」というのは何となく分かったけれど「書いたプログラムの裏で何がおきているのか」や、コードを見ても「どこからどこがJavaScript自体の機能で、どこからどこがReactの機能なのか」ということはサッパリだった。

 あの...自分はどうするべきでしょうか？

心の中では半分泣きそうになりながら先岡さんに聞いてみた。

 うん、主田君にはまずモダンJavaScriptの基礎を叩き込むね。その後にもう一度基礎からReactを勉強し直してみよう。たぶん半年前とは違う世界が見えるはずだよ

 はい！！

もう僕には先岡さんが令和の日本に舞い降りた女神のようにしか見えなかった。この人に一生ついていこう、そう思いながらモダンJavaScriptについて勉強を開始した。

1-1　モダン JavaScript 概説

　本章ではモダン JavaScript について知っておくべき仕組みや概念について解説します。

　では、「モダン JavaScript」という言葉は何を指すのでしょうか。正直なところ厳密にはいつ以降がモダンなのかという明確なルールはありません。

　ただ一般的には以下がモダン JavaScript の特徴として挙げられます。

- React、Vue、Angular 等の仮想 DOM を用いるライブラリ／フレームワークを使用（最近では Svelte 等の仮想 DOM を用いない技術も登場してきている）
- npm／yarn 等のパッケージマネージャーを使用
- 主に ES2015 (ES6) 以降の記法を使用
- webpack 等のモジュールバンドラーを使用
- Babel 等のトランスパイラを使用
- SPA (Single Page Application) で作成

　上記の用語がほとんど分からなくても今は大丈夫です。この章を読んでまずは浅くても良いので概念を理解してから React の学習に取り組むことで学習効率がグンと上がります。

JavaScript 習得にはメリットがあるのか

　本書の読者の中には、これからプログラミングの世界に飛び込もうと勉強中の方や jQuery 全盛期でフロントエンドの知識が止まっている方、普段はバックエンドを主体に開発しているけれど最近のフロントエンドを勉強しようと思い、日々キャッチアップしている方など、様々な方がいるかと思います。素朴な疑問として以下のように思う方もいるのではないでしょうか。

「そもそも React (モダン JavaScript) って勉強してメリットがあるのか？？」

　時間は有限なのでなるべく無駄な時間は過ごしたくないし、最小限の努力で最大限の成果をあげたいという想いは誰もが皆同じでしょう。

　結論から言うと**モダン JavaScript は勉強する価値がある**と言えます。もと

もと JavaScript は Web ブラウザ上で複雑な動きを実装する程度のものでしたが、今はフロントエンドだけでなく、バックエンドも実装することができます（Node.js や Deno）。それにとどまらずスマホアプリが作成できたり、AR（Augmented Reality：拡張現実）や VR（Virtual Reality：仮想現実）、音声認識、デスクトップアプリケーション等も JavaScript で実装できてしまいます。このことから 1 つの言語で広げられる領域の幅で言うと JavaScript は間違いなく全言語の中で No.1 と言えるでしょう。

また、Web システム開発であれば 100% 間違いなくフロントエンドの実装にJavaScript を使用するので勉強したことが無駄になることがありません。

良い面でもあり悪い面でもある部分で言うと、**フロントエンドは非常に技術の移り変わりが早い**という特徴もあります。

そのため業界全体を見た時にモダンフロントエンドができる人が足りておらずどの会社も苦労しています。それは裏を返せばモダンフロントエンドができれば企業の採用において大きなアドバンテージになります。

悪い言い方をすれば現在の React をある程度習得できたとしても 4、5 年後には全く別物になっている可能性も大いにあるため、一生勉強し続ける覚悟が必要です（そもそもエンジニアリングという業界自体そういった側面が強いですが）。

毎年のように新しい技術が出てきて飽きることがないのでエンジニアリングは面白い分野だなぁと筆者自身は感じます。

では、そのようなモダン JavaScript について学んでいきましょう。

1-2 DOM、仮想 DOM

フロントエンド開発を進めていく上で、**DOM（ドム）**は切っても切れないものです。DOM は HTML を解釈し木構造で表現したもので、**Document Object Model** の略となります。

Web ブラウザから開発者ツールを開くことで、図 1-a のように誰でも見ることが可能です。

図 1-a　Google の TOP ページで開発者ツールを開いて DOM を確認

　従来、JavaScript で画面の要素を変更する場合は、DOM を直接指定して書き換えるような処理をしてきました。以下は、プレーンな JavaScript や jQuery を用いて画面に要素を追加するコードの例です。

 例：プレーンな JavaScript の例

```
// id=nushida を持つ要素の配下に Hello World!! と設定した p タグを差し込む
var textElement = document.createElement("p");
textElement.textContent = "Hello World!!";
document.getElementById("nushida").appendChild(textElement);
```

 例：jQuery の例

```
// id=nushida を持つ要素の配下に Hello World!! と設定した p タグを差し込む
var textElement = $("<p>").text("Hello World!!");
$("#nushida").append(textElement);
```

　このようなコードは手続き的で分かりやすい反面、レンダリングコスト（画面の表示速度）に問題が生じやすかったり、プログラムコードが肥大化してくるとどこで何をしているか分からなくなるというつらさがありました。

こういった問題を解決するために作られたのが**仮想 DOM** という技術です。

仮想 DOM とは

　仮想 DOM とは JavaScript のオブジェクトで作られた仮想的な DOM のことです。これを用い実際の DOM との差分を比較し**変更箇所のみを実際の DOM に反映**することで、DOM への操作を最小限に抑えることが可能になります（図 1-b）。

図 1-b **仮想 DOM のイメージ**

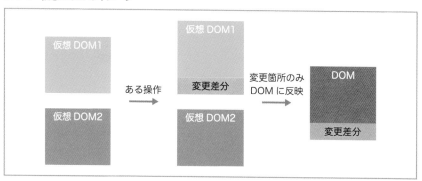

　React や Vue 等のモダン JavaScript のフレームワークやライブラリでは仮想 DOM が用いられています。そのため、ページ遷移を JavaScript による画面の書き換えで表現していますが、レンダリングコストを最小限に抑えて快適な Web システムを提供することが可能となっています。

　このような説明を聞くと難しそうなイメージを持つかもしれませんが、素晴らしいことに React ではこのあたりは全く意識しなくても勝手に裏側で良い感じに処理してくれます。ただ仕組みとして仮想 DOM を用いているということは知っておきましょう。

1-3 パッケージマネージャー (npm／yarn)

　パッケージマネージャーの説明をするために、まずはかつての JavaScript 開発について振り返ってみます。

かつての JavaScript 開発では処理を全て 1 つのファイルに記載していました。ただそうすると複雑なシステムの場合はコードが数千行以上になりカオス化していました。さらにそれらのコードは再利用することができず、非常に効率の悪い開発となっていました。

そこで少し改善された JavaScript 開発では、js ファイルから他の js ファイルを読み込んで使用できるようになりました。これによりコードの共通化や再利用が可能になりました。しかし、読み込み順を意識しないとエラーになったり（依存関係）、読み込んだ関数や変数を使用する場合に、何がどこから読み込まれたのかが非常に分かりづらかったりするという問題は依然としてありました。

では現在のモダン JavaScript 開発ではどうなっているかというと、**npm** や **yarn** などの**パッケージマネージャー**を使用することで、前述の問題点を大幅に改善しています。

パッケージマネージャーとは

バックエンド、フロントエンドを問わず、どのプログラミング言語で開発するにしても基本的には外部で公開されている様々なパッケージを利用して開発していくことになります。

車輪の再開発と揶揄されるように、既に世の中にあるものをわざわざ 0 から開発するよりは使える便利なものは使わせてもらって、プロジェクト固有の時間とエネルギーをかけるべき部分に集中したほうが良いためです。

ただ、パッケージをインストールする際に開発者がそれぞれの PC に自由にインストールしてしまうとバージョンがばらばらになって、同じ環境を再現するのが非常に手間になってしまいます。

そこで、現在はパッケージマネージャーと呼ばれるパッケージの管理、インストール、アップグレード等を担ってくれる管理ツールを使用することが一般的となっています。以下の例がパッケージマネージャーの代表的なものです。

- JavaScript の npm
- Ruby の gem
- PHP の composer
  etc...

ここで紹介する npm や yarn には以下のようなメリットがあり、これまでの課題を解決しています。

- 依存関係を意識しなくても勝手に解決してくれる
- チーム内でのパッケージの共有や、バージョン統一が容易
- 世界中で公開されているパッケージをコマンド1つで利用可能
- どこから読み込んだものか分かりやすくなった

　このように便利な要素が盛りだくさんですが、文章だけだとイメージしづらいと思うので図 1-c で見ていきましょう。

図 1-c　npm／yarn の基本

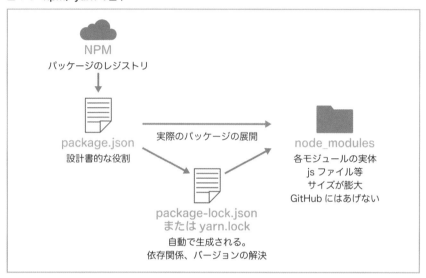

　まず世界中の人がパッケージの公開場所として使用しているのが **NPM** というレジストリです（一般的に大文字の場合はレジストリ、小文字の場合はパッケージマネージャーとしての npm [1] を指すことが多い）。

　そして以下のようなコマンド [2] を使用することで自分の PC にパッケージをインストールすることができます。

▼ npm の場合

```
npm install [ パッケージ名 ]
```

――――
※1：npm または yarn のインストールが必要
※2：Mac の場合はターミナル、Windows の場合はコマンドプロンプトなどを使用

```
yarn add [ パッケージ名 ]
```

　たったこれだけのコマンドで世界中の人が公開している便利なパッケージが使えるようになります。

　上記のコマンド実行時に、ローカルファイルの **package.json** が更新されパッケージの情報が追記されます。それと同時に npm でインストールした場合は **package-lock.json**、yarn でインストールした場合は **yarn.lock** ファイルが生成（更新）されます。lock ファイルにはパッケージが内部で使用している別パッケージ等のバージョン情報や依存関係が記載されています。

　この 2 つのファイルを用いることで「どんなパッケージがどのバージョンでインストールされているのか」が分かるので、他の人の端末等でも全く同じ環境をすぐに作ることができます。

　package.json と package-lock.json（yarn.lock）の 2 ファイルからモジュールを展開（同じ環境を作成）するのも非常に簡単で、以下のコマンドを実行するだけとなっています。

▼ npm の場合

```
npm install
```

▼ yarn の場合

```
yarn add
```

　コマンドを実行すると、2 つのファイルを参照してバージョンや依存関係が解決された状態で、**node_modules** というフォルダが生成され、その中にパッケージの実体が展開されます。

　実際にプログラムを実行する時にはこの node_modules の中を参照して便利なパッケージを動かすことができています。

　注意点としてはこの node_modules フォルダ配下はサイズが膨大になるので、GitHub 等のソースコード管理ツール上にあげたり、コピー＆ペーストして移動などはしないようにしましょう。

　前述したように package の 2 ファイルがあればどの環境でも同じ node_modules を再現できるので、わざわざ重たいファイルをやりとりする必要はないのです。

npm や yarn は他にも細かいオプションが色々あるので細かい箇所は別途勉強が必要ですが、まずは概念としてこのような仕組みになっていることを知っておきましょう。

GitHub にあげないって？？

最近はソースコードのバージョン管理に **Git** が使われることが多いよ！ Git を用いて管理したコードをアップロード、共有する先として **GitHub** なんかが使われるね

GitHub にあげたらいけないものもあるって聞いたんですけど、どうやって制御するんでしょうか？

プロジェクトフォルダ内に .gitignore というファイルを作って、その中に Git 管理しないフォルダやファイルを指定するんだよ。そこで指定したものは Git で管理されないから GitHub にあがることもないね

GitHub にあげたらいけないものって例えばどんなものがあるんですか？？

これまで学んだ node_modules フォルダとかログ系とかビルドで作成されるフォルダとかとか。あとは秘匿情報、例えば AWS のアクセスキーを間違えてあげちゃってウン十万って請求が来たとかいう話もあるから要注意！

なるほど...**何でもかんでも GitHub にあげないように注意**...と

1-4 ECMAScript

JavaScript は Google Chrome や Microsoft Edge 等の**ブラウザ上で動作する言語**です。

今では世界中の人が JavaScript を使用しており、好き勝手に機能を追加するわけにもいかないため **ECMAScript** と呼ばれる JavaScript の標準仕様が定め

られています（ECMA は European Computer Manufacturers Association：欧州電子計算機工業会の略）。これを知るには JavaScript の歴史を知る必要があるので簡単に振り返ってみましょう。

JavaScript の歴史

JavaScript は Netscape 社によって開発されました。ただ実は初めから「JavaScript」という名前で呼ばれていたわけではなく、当初は「LiveScript」と呼ばれていました。

当時、Sun Microsystems 社（現 Oracle 社）が開発していた Java が非常に人気でそこに影響を受けて 1995 年に JavaScript という名称に改名されました（Netscape 社と Sun Microsystems 社は当時提携関係にありました）。

その後、Microsoft 社が似たような JScript という言語を開発し、IE（Internet Exploler）に搭載しており、Netscape 社の JavaScript とは仕様が異なっていたため非常にややこしい状態になっていました。

そこで国際団体 ECMA インターナショナルに JavaScript の中核的な仕様の標準化を依頼し、誕生したのが ECMAScript という標準仕様となります。

ブラウザ毎に独自拡張はあるものの、ECMAScript をベースとすることで互換性が向上していき、現在は 1 年に 1 回 ECMAScript が更新されるようになっています。

ECMAScript の通称

ECMAScript は「ECMAScript 1st edition」から始まり改定される度に 2nd、3rd とバージョン上がっていっています。これを通称 **ES2** や **ES3** のように呼んでいました。

ただ、2015 年から「標準仕様は 1 年に 1 回更新していこう！」と決まったためこの時の最新は ES6 だったのですが、ES2015 という西暦をつけた呼び方を一般化していく動きとなります。

- ES6 = ES2015
- ES7 = ES2016

上記のように別名との関係を知っておかないと混乱しそうですね。今後は西暦の呼び方を使用するのがよいでしょう。

近代 JavaScript の転換期

近代 JavaScript の転換期とも呼ばれるほどの ECMAScript の大きな改定があったのが **ES2015 (ES6)** です。

この年に大きな機能追加が実施され、React 等のモダン JavaScript 開発でも必須と言える文法や機能が加わりました。追加された仕様の例として以下のものがあります。

- let、const を用いた変数宣言
- アローファンクション
- Class 構文
- 分割代入
- テンプレート文字列
- スプレッド構文
- Promise

etc...

まずは上記の機能を知ることが React 習得の大事な第一歩となります。こちらに関しては次章以降で解説していくので楽しみにしておいてください。

1-5 モジュールバンドラー、トランスパイラ

モダン JavaScript の開発においては、**モジュールバンドラー**や**トランスパイラ**と呼ばれる仕組みが必須になります。

例えば React のテンプレートプロジェクトを作成してくれる **create-react-app** を使用すればモジュールバンドラーやトランスパイラを意識しなくても開発をスタートできるようにはなっています。しかし、複雑なプロジェクトの場合は設定ファイルをいじる必要が出てきたりしますし、内部でどういった仕組みが動いているのかという概念を知ることは非常に重要です。

モジュールバンドラー

「1-3. パッケージマネージャー（npm／yarn）」（P.17）で解説しましたが、JavaScript は細かく分けて開発していったほうが効率的で、生産性も上がります。

ただ本番環境で実行する時はファイルが分かれている必要はありません。むしろ読み込みの回数が増えてパフォーマンスが悪くなったりします。

そこで**「開発はファイルを分けて行い、本番用にビルドする時に 1 つのファイルにまとめよう」**という思想を実現するために、js ファイルや css ファイル等をまとめてくれるモジュールバンドラーが作られました。

JavaScript には読み込み順による依存関係の問題があり、パッケージマネージャーはそれを解決してくれると紹介しましたが、モジュールバンドラーもまたファイルを 1 つにまとめる際に依存関係を解決してくれる優れものです。

あらかじめ設定ファイルを記述しておくことで、開発者は何も意識することなく開発を行い、ビルドを実行するとモジュールバンドラーがいい感じにファイルをまとめてバンドル後のファイルを生成してくれるので、そのファイルを本番環境に反映することでプログラムを実行することができます。

ちなみに現在主流のモジュールバンドラーは **webpack** と呼ばれるものとなります。

トランスパイラ

モジュールバンドラーが複数のファイルを 1 つにまとめてくれるものだとしたら、トランスパイラは **JavaScript の記法をブラウザで実行できる形に変換してくれるもの**です。

どういうことかと言うと、ECMAScript で毎年仕様がどんどん追加されていきますが、ブラウザによってはまだ新しい記法に対応していないといったことがあります。

特に IE は ES6 以降だとエラーが出て全然動かないため開発者泣かせと言われてたりしています。余談ですが 2021 年 5 月、Microsoft 社が 2022 年 6 月 15 日にほとんどの OS での IE11 のサポートを終了するという発表をして開発者が歓喜しました。

せっかく新しい便利な機能が追加されているのに動かないブラウザがあるか

らってそれを使わないのは非常にもったいないですよね。

　そこでトランスパイラを使用すると、新しい記法で書かれた JavaScript を古い記法（多くのブラウザで実行できる形）に変換してくれるというわけです。

　その他にも React だと js ファイルに JSX 記法と呼ばれる特殊なルールの書き方でコードを記述していくのですが、そういったものもブラウザが認識できる形に自動で変換してくれます。

　ちなみにトランスパイラは長らく Babel と呼ばれるものが主流でしたが、近年は **Rust 製の SWC** というより高速なプラットフォームに代替されつつあります。

モジュールバンドラーとトランスパイラのまとめ

　モジュールバンドラーやトランスパイラを紹介しましたが、それぞれに共通して言えることは

「開発は効率良く、実行時は上手く変換」

ということです。

　冒頭でも書いたように、最近はフレームワークやライブラリ側が割とこのあたりを隠蔽して面倒を見てくれるようになっているので、入門者だとそもそもこのような仕組みが動いていることを知らない人もいるかもしれません。

　もちろん初めからこのあたりの設定ファイルの書き方や環境を自分で作れるようになる必要は全くありませんが、まずは概念としてモジュールバンドラーとトランスパイラの働きを理解しておくと良いかと思います。

[おまけ] さらに開発体験に優れた Vite とは

　最後におまけ的に紹介します。

　webpack や Babel の紹介をしてきましたが、これから主流になると言われているフロントエンドのビルドツールに **Vite（ヴィート）** というものがあります。これは Vue.js の開発者である Evan You 氏が中心となって開発しているもので、webpack を使った開発よりも圧倒的に高速なことで話題となっています。GitHub リポジトリの Star 数も 6 万を優に超えており、その注目の高さがうかがえます。

webpack を使用してフロントエンドで開発時、何かコードに変更が発生した際も、サーバーを再起動することなく再度バンドル等が実行されて変更はブラウザに反映されます。これによってユーザーは非常に良い開発体験を得ることができてきました。しかしプロジェクトが肥大化するにつれ、どうしてもバンドルに時間がかかるという問題点が出てきました。そこで Vite は開発環境においてはソースコードをバンドルすることなく高速に実行できるようにしているのです。

開発サーバーの立ち上げも非常に高速で、React での比較動画等も出ているので興味のある人は是非調べてみてください。このようにどんどん新しい技術が登場し、それを調査・導入していくのもフロントエンド開発の魅力です。

1-6 SPA と従来の Web システムの違い

React をはじめとするモダン JavaScript の Web システムは **SPA (Single Page Application)** で作成されています。

SPA では基本的に HTML ファイルは1つのみで、JavaScript で画面を書き換えることで画面遷移等の動きを表現していきます。

この SPA と従来の Web システムがどう違うのかを知っておくのは非常に大切なので解説しておきたいと思います。

従来の Web システム

　ここで例として、とあるホームページをユーザーが閲覧するケースを考えてみましょう（図 1-d）。

　解説のためにかなり簡略化していますが、左側がページを閲覧するユーザー、右側がリクエストを受け付けるサーバーだとします。

図 1-d　従来の Web システム

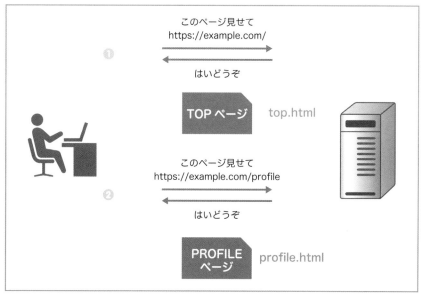

①まずユーザーが「このページ見せて」とトップページにアクセスした場合、サーバー側がリクエストを受け付けて一致するページの HTML ファイルを返却してくれます。

②そこから、リンクをクリックしてプロフィールページを閲覧する場合、同様にサーバー側に「このページ見せて」というリクエストが送信され、サーバー側は同様に一致する HTML ファイルを返却します。

　従来の Web システムの場合、このようにページ遷移の度にサーバー側にリクエストが送られサーバー側から HTML ファイルを返却するためページ遷移の際に一瞬画面が白くなる（ちらつく）という特徴があります。

SPA の Web システム

では SPA の Web システムではどうなるか、同じ例で見てみましょう。（図 1-e）

図 1-e　**SPA を使った Web システム**

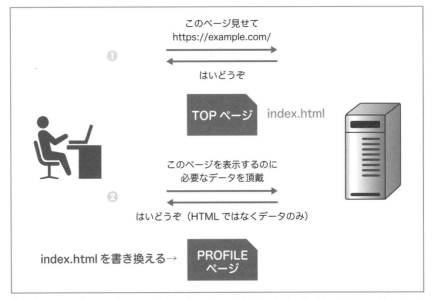

❶ まずユーザーが「このページ見せて」とトップページにアクセスした場合、サーバー側がリクエストを受け付けて一致するページの HTML ファイルを返却してくれます。ここは同じですね。

❷ その後、プロフィールページを表示するのに必要なデータがある場合は「必要なデータを頂戴」というリクエストはサーバー側に送りつつ、HTML はそのまま変更することなく、JavaScript で DOM を書き換えて画面を変更し取得できたデータを画面に反映することでページ遷移を実現します。

　HTML ファイルのリクエストとは異なり、データの取得は非同期的に実行できる（裏でデータ取得が実行されるためユーザーは操作を続けられる）ためページ遷移時に画面のちらつきはなく、快適にストレスなく閲覧することが可能となります。
　SPA では **HTML ファイルは 1 つのみで JavaScript による DOM の書き換えで画面遷移を実現するのが基本となる** ことを覚えておきましょう。

SPA のメリット

SPA を使うことで主に以下のようなメリットがあります。

■ ユーザー体験の向上

前述したように SPA を用いることでページ遷移時の画面のちらつきがなくなります。サイト内でページを遷移する度に画面がちらつくというのは現代では思った以上にユーザーにストレスを与えてしまいます。

また、SPA の場合ページ遷移もサーバー側にリクエストを送ることなく完結可能なので画面の表示速度向上というユーザー体験も提供できます。

ページの表示速度というのは思っている以上に重要で、特に EC サイト等では売上に直結する問題で

「表示速度が 0.1 秒遅くなれば 1% 売上が減少し、1 秒早くなれば 10% 売上が増加する」

というのは有名な話です。

■ コンポーネント分割が容易になることでの開発効率アップ

こちらは 5 章以降で解説していくので今は理解できなくても大丈夫なのですが、開発者側のメリットもあります。

各ページ毎に HTML ファイルを用意するケースと違い、React 等のモダン JavaScript 開発では画面の各要素を**コンポーネント**として定義し使い回していきます。

ほとんどの Web システムでは同じデザインのボタンやテキストフィールド、一覧やメッセージの表示等同じ要素が様々な画面で使用されます。

それらを各部品として定義して各画面に適用するような作り方をすることで、仮に「このボタンのデザインを全体的に変えたいなー」となった時もコンポーネント 1 つを修正するだけで全体に変更が適用されます。

このあたりは実際にコードを紹介しながら解説していますので、以降の章を楽しみにしていただければと思います。

このようにユーザー側にも開発者側にもメリットがあるため、現在のモダン JavaScript 開発では SPA を用いることがスタンダードとなっています。

── フロントエンドエンジニアって？？

 先輩！フロントエンドエンジニアって JavaScript の知識さえあれば
大丈夫ですか？？

 残念なことにそうではないんだよね。フロントエンドに特化しつつも、
バックエンドやデータベースの知識もつけていかないといけないよ

 それは何故でしょう？

 まず第一にフロントだけしかできないよりも、タスクによってはバック
エンドも合わせて対応できるほうがチームは助かるよね。だから自分の
市場価値が高まるというのが 1 点。あとはデータをどこで変換するか、
どこにどうやって連携するのが良いかっていうアプリケーション全体を
見て設計するためには一貫した知識がないと判断できないんだよね

 たしかにフロント以外のこと分かりませんっていうとチームで会話に
入れなそうですね...

 まぁ、とは言えいきなり全部は無理だからまず主田君はフロントを覚
えて、そこからバックエンドやデータベースも覚えていくと良いよ！
最初から全部できる人はいないからね！

まとめ

▶ モダン JavaScript には習得する価値がある

▶ React 等のモダン JavaScript フレームワーク / ライブラリで
は仮想 DOM という技術が用いられている

▶ パッケージマネージャー（npm／yarn）を使って開発効率アップ

▶ ECMAScript は JavaScript の標準仕様。年に 1 回更新され
ている

▶ モジュールバンドラーは開発時に分けていたファイルを 1 つにま
とめてくれる

▶ トランスパイラは JavaScript を色々なブラウザで動く記法に変
換してくれる

▶ SPA では 1 つの html ファイルを JavaScript を使用して
DOM を書き換えていく。ユーザー体験が向上できる

モダン JavaScript の
機能に触れる

React では JavaScript の様々な記法
を駆使して開発していきます。まずは
React でJavaScriptの頻出機能にフォー
カスして学ぶことであとのステップで
React 自体の学習に集中できるように
しましょう！

モダン JavaScript の概念的なところはだいぶ理解できた？

はい！　いかに自分がこれまで何も知らずに勉強してたか分かりました。こう書けばこうなるっていうところしか見えてなかったと思います…

最初はそういうもんだよー！　そのために私たち先輩がいるわけだし！

令和の女神は相変わらず今日も神々しい。

でも webpack、Babel の仕組みとか仮想 DOM も詳しいことはまだ分からないというか、知識が足りてない不安はあります

まずはそのくらいで大丈夫、大丈夫。まずは『概念』を理解してそれを『体験』に落とし込めば自然と理解できてくるから！

まずは『概念』の理解、そして手を動かして『体験』する。
この考え方は非常に自分の中でしっくりくると同時に安心させてくれた。
僕はこれまで教科書の隅から隅まで目を通さないと安心できないくせに、結局容量オーバーで覚えきれずに良い結果が出せないような人生を歩んできた。まずはざっくり概念を把握してあとは手を動かしながら細かい知識の補完をしていくということを先岡さんには教わった。

ありがとうございます。次は React の概念を勉強したら良いでしょうか？

残念。まだ React はおあずけ。次は比較的モダンな JavaScript の記法とか React 開発でよく使う記法を勉強してもらうね

記法ですか…一応 jQuery を使って画面開発はしていたので大体理解できてるとは思うんですが…

じゃあ主田君、変数宣言の種類と特徴、テンプレート文字列、アロー関数、分割代入、スプレッド構文、map や filter について説明してくれる？

えっとーー...（スプ？？ なんて言った？ 全然聞いたことない単語だらけだったぞ...）

まぁまぁ先輩を信じてこのまとめた資料を読んでみなよ。これを勉強するのとしないのとでは React の習得のスムーズさが全然変わるから！

はい！　すいません。ありがとうございます！　1 日で終わらせます！！

こうして僕はモダンな JavaScript の記法やルールについて勉強をすることになった。先岡さん曰く、これが後々 React 開発する時に効いてくるらしい。僕は一瞬でも「JavaScript を知ってる感」を出してしまったことに恥ずかしさを覚えながら渡された資料で勉強を始めた。

2-1 const、let での変数宣言

　本章では変数の宣言について学習をしていきます。変数の宣言はプログラムを書いてく上で避けては通れない知識となります。本書を読みながら、実際にパソコンで実行・確認を行い、知識を定着させていきましょう。

var での変数宣言の問題点

　従来の JavaScript では変数の宣言に var を用いていました。

書式　var による変数の宣言

```
var val1 = "var 変数";
```

　ただ、この var での変数宣言にはいくつか問題点があり、モダン JavaScript 開発では使用されることはほとんどなくなりました。その問題点というのは**上書き可能**であることや**再宣言可能**であることです。

　以下は一度 var で宣言した変数の上書きや再宣言をする例です。

例：変数の上書き・再宣言

```
var val1 = "var 変数";
console.log(val1); // var 変数

// var 変数は上書き可能
val1 = "var 変数を上書き";
console.log(val1); // var 変数を上書き

// var 変数は再宣言可能
var val1 = "var 変数を再宣言";
console.log(val1); // var 変数を再宣言
```

　上記のコードはエラーなく実行されます。

■ 上書き可能
　一度定義した変数に別の値を代入することができること。上書きしたい場合も多々あるが、プログラムを書いていると上書きされたくないケースも多いので無

条件に上書きされてしまうと不便。

▪ 再宣言可能

全く同じ変換名を複数箇所で変数定義できること。プログラムの実行順序によってどちらの変数が使用されるか読み解くのが煩雑なので再宣言は基本的にできないほうが望ましい。

var での変数宣言のみではプロジェクトの規模が大きくなると意図しない時に変数を上書いてしまったり、再宣言をしてしまったりという問題があり、ES2015 では新たな変数宣言の方法として **const** と **let** が追加されました。const と let について、それぞれ見ていきましょう。

let での変数宣言

let で再宣言をすることは不可能です。ただし let は変数を上書きすることは可能です。以下は let で宣言した変数の上書きをする例です。

📺 例：let による変数の上書き例
```
let val2 = "let 変数";
console.log(val2); // let 変数

// let は上書き可能
val2 = "let 変数を上書き";
console.log(val2); // let 変数を上書き
```

var の時と同様、特にエラーなく変数の値を上書きすることができました。では再宣言を実行してみましょう。

📺 例：再宣言の実行
```
let val2 = "let 変数";
console.log(val2); // let 変数

// let は再宣言不可能
let val2 = "let 変数を再宣言"; // エラー
```

再宣言をしようとするとエラーとなり以下のようなメッセージが表示されま

す。

```
Identifier 'val2' has already been declared
```

「既に宣言されてるからダメだよ」ということですね。このように let は var で問題となっていた再宣言を改善した変数定義の方法なので、**上書きしていくような変数の場合**は let を使用していくようにしましょう。

const での変数宣言

const は再宣言も上書きも不可能という最も厳密な変数宣言となります。**constant= 定数** という意味なのでその名の通りですね。以下は const で定義した変数を上書きしようとする例です。

> 例：const で定義した変数の上書き
>
> ```
> const val3 = "const 変数 ";
> console.log(val3); // const 変数
>
> // const 変数は上書き不可能
> val3 = "const 変数を上書き "; // エラー
> ```

上書きをしようとするとエラーとなり以下のようなメッセージが表示されます。

```
Assignment to constant variable.
```

や

```
val3 is read-only
```

このように const での変数宣言は上書きを事前に検知し教えてくれるので「うっかり上書きしてしまった」という事態を避けることができます。

もちろん let の時と同様、再宣言をしようとしてもエラーが発生します。

例：const での再宣言

```
const val3 = "const 変数";
console.log(val3); // const 変数

// const 変数は再宣言不可能
const val3 = "const 変数を再宣言"; // エラー
```

出力結果

```
Identifier 'val3' has already been declared
```

　ここまでで確認したように const での変数宣言の場合、基本的には変数の上書きも再宣言も不可能なのですが、変数の種類によっては const で定義していても変数の値を変更していくことができるので注意が必要です。const で定義した変数を変更できる例を次で紹介します。

const で定義した変数を変更できる例

　文字列や数値等のプリミティブ型と呼ばれる種類のデータは const で定義した場合、上書き不可能です。しかし、オブジェクトや配列等のオブジェクト型と呼ばれるものに関しては const で定義していても中の値を変更できます。プリミティブ型とオブジェクト型については以下の図（図 2-a）を見てください。

図 2-a　**プリミティブ型とオブジェクト型**

プリミティブ型	オブジェクト型
・真偽値（Boolean）：true/false ・数値（Number）：1、2.5 ・巨大数値（BigInt）：9007199254740992n ・文字列（String）："Nushida"、'先岡' ・undefined：未定義 ・null：値なし ・Symbol：一意で不変な値	・オブジェクト ・配列 ・関数 　等、プリミティブ以外のもの

　では実際に確認してみます。以下は const で定義したオブジェクトのプロパティ値を変更、追加する例です。

例：オブジェクトのプロパティ値を変更、追加する例

```
// オブジェクトを定義
const obj1 = {
  name: "主田",
  age: 24,
};
console.log(obj1); // {name: "主田", age: 24}

// プロパティ値を変更
obj1.name = "Nushida";
console.log(obj1); // {name: "Nushida", age: 24}

// プロパティを追加
obj1.address = "Tokyo";
console.log(obj1); // {name: "Nushida", age: 24, address:
"Tokyo"}
```

　このように const で定義していてもオブジェクトの中身は自由に変更できるというのは覚えておきましょう。逆に言えばオブジェクトの定義には基本的に const を使用していくということになります。続いて、以下は const で定義した配列の値を変更、追加する例です。

 例：配列の値を変更、追加する例

```
// 配列を定義
const arr1 = ["dog", "cat"];
console.log(arr1); // ["dog", "cat"]

// 1つ目の値を変更
arr1[0] = "bird";
console.log(arr1); // ["bird", "cat"]

// 値を追加
arr1.push("monkey");
console.log(arr1); // ["bird", "cat", "monkey"]
```

　このように配列の場合も同様に const で定義していても値は自由に変更できます。そのため配列の定義も基本的に const を使用していきましょう。

React 開発で使用する変数宣言

var、let、const を紹介してきましたが、React 開発ではどれを用いることが多いかと言うと **const がほとんど**となります。上記で確認したようにオブジェクトや配列は const で宣言してプロパティを変更していけますし、「4-6. state (usestate)」(P.117) で紹介しますが、React 開発の中で動的に変わるような値は State という別の概念で値を管理していきます。

そのためほとんどの場合で const を使っていき、**State で管理せず処理の中で値を上書きしていくような変数のみ let を使う**流れが一般的です。

後半で React のコードに触れていくとより実感が湧きやすいと思うので、今は基礎知識として頭に入れておく程度で大丈夫です。

2-2 テンプレート文字列

テンプレート文字列は、文字列の中で変数を展開するための新しい記法です。例えば従来の書き方では文字列と変数を結合する場合、以下のように + を使用していました。

例：従来の文字列と変数の結合方法

```
// 名前を格納した変数
const name = " 主田 ";

// 年齢を格納した変数
const age = 24;

// 私の名前は主田です。年齢は 24 歳です。と表示したい場合
const message = " 私の名前は " + name + " です。年齢は " + age + " 歳です。";

console.log(message); // 私の名前は主田です。年齢は 24 歳です。
```

この場合、文字列結合の度に + を書く必要があるため、読みづらく書くのも面倒くさいという問題がありました。ES2015 以降ではテンプレート文字列を

用いて以下のようによりスマートに記述することができるようになりました。

 例：テンプレート文字列の利用

```
// 名前を格納した変数
const name = " 主田 ";

// 年齢を格納した変数
const age = 24;

// 私の名前は主田です。年齢は 24 歳です。と表示したい場合
const message = ` 私の名前は ${name} です。年齢は ${age} 歳です。`;

console.log(message); // 私の名前は主田です。年齢は 24 歳です。
```

　テンプレート文字列を使用する場合は ` (バッククォート) で文字列を囲みます。一般的な日本語配列のキーボードであれば Shift キーと @ マークのキーを押すことで入力できます。バッククォートで囲んだ場合、普通の **' (シングルクォート)** や **" (ダブルクォート)** と違い、**${ }(ドルマークと波括弧)** で囲んだ中は JavaScript を書くことができます。そのため上記のように **${name}** とするだけで文字列の中で簡単に変数を展開することが可能となります。
　また、使用するケースは少ないと思いますが、JavaScript を書いていけるということは以下のように関数を実行したり、計算式を入れることも可能です。

 例：関数の呼び出しと計算の実行

```
// こんにちは！と返すだけの関数
function sayHello( ) {
  return "こんにちは！";
}

// 月の数字を格納した変数
const month = 1;

// テンプレート文字列の中で関数の呼び出しと掛け算を実行
const message = ` 皆さん ${sayHello( )}。今日から ${month * 3} 月です！
`;

console.log(message); // 皆さんこんにちは！今日から 3 月です！
```

このように文字列内で JavaScript の値を扱う時はテンプレート文字列を使用するようにしていくと良いでしょう。

2-3 アロー関数 ( ) => { }

アロー関数は ES2015 で追加された新しい関数の記法です。従来よりもシンプルに関数を記述することができます。また、**書き方以外にも細かな違いがいくつかある**のですが本書では記法にフォーカスして解説します。

従来の関数

まずは従来の関数を振り返ってみます。以下は「引数として受け取った値をそのまま返却する関数を実行しコンソールに結果を出力する」という例です。

例：従来の関数（使用例1）
```
// 従来の関数を定義
function func1(value) {
  return value;
}

// 実行した結果を出力
console.log(func1("func1 です ")); // func1 です
```

このように従来は JavaScript で関数を定義する場合、`function` という記述のあとに関数名や引数、処理内容を記述していました。また、以下のように宣言した関数を一度変数に格納してから実行することもできます。

例：従来の関数（使用例2）
```
// 関数を定義して変数に格納
const func1 = function (value) {
  return value;
};

// 実行した結果を出力
console.log(func1("func1 です ")); // func1 です
```

結果は同じですが、いずれにせよ `function` という宣言を用いて関数を定義し実行していました。

アロー関数

新たな関数の定義方法であるアロー関数では `function` は使用せず以下のように関数を宣言できます。

📺 **例：アロー関数**

```
// アロー関数を定義
const func2 = (value) => {
  return value;
};

// 実行した結果を出力
console.log(func2("func2 です")); // func2 です
```

function という宣言はなくなり、いきなり ( ) の中に引数を書き、「アロー関数」という名前の所以でもある => という記号（矢印に見えることから）で関数を記述します。それ以降波カッコで処理を書く部分は同じです。

このようにより簡潔に関数を書くことができるようになりましたが、慣れるまでは意外と読みづらかったりするのでまずは => が出てきたら「あ、関数だな」と思うようにすると良いです。

アロー関数の書き方の注意点

アロー関数には特徴的な省略記法がいくつかあります。1つ目は**引数が1つの場合はカッコを省略できる**という点です。以下の例を見てください。

📺 **例：アロー関数の省略記法**

```
// アロー関数を定義　※引数が1つなのでカッコを省略
const func2 = value => {
  return value;
};

// 実行した結果を出力
console.log(func2("func2 です")); // func2 です
```

このように引数のカッコを省略しても正常に実行されます。実際のプロジェクトではコード整形ツールの**Prettier**等を使用してどちらかのルールに統一することが一般的ですが、どちらの書き方も可能だということは覚えておきましょう。引数が２つ以上の場合は省略することはできません。

例：引数が２つ以上の場合

```javascript
// 引数が２つ以上だとエラー
const func3 = value1, value2 => {
  return value1 + value2;
};

// ２つ以上の場合はカッコで囲む
const func3 = (value1, value2) => {
  return value1 + value2;
};
```

２つ目は**処理を単一行で返却する場合は波カッコとreturnを省略できる**という点です。以下の例を見てください。

例：returnの省略

```javascript
// 処理を単一行で返すので {} を省略
const func4 = (num1, num2) => num1 + num2;

// 実行した結果を出力
console.log(func4(10, 20)); // 30
```

上記のようにワンラインで関数を記述することができます。この記述はルールを知っていないとコードの意味が分からないかと思います。たまに勘違いして、以下のように波カッコで囲った中でreturnを省略してしまう人がいますが、これでは値が返却されないため注意が必要です。

例：誤ったreturnの省略

```javascript
// {} で囲ったのに return を書いていない
const func4 = (num1, num2) => {
  num1 + num2;
}
```

```
// 実行した結果を出力 ( 何も返却されない )
console.log(func4(10, 20)); // undefined
```

また、返却値が複数行に及ぶ場合には、( ) で囲むことで単一行のようにまとめて返却することができるため以下のような書き方ができます。

 例：( )を用いて 1 行としてまとめる
```
// カッコで囲んでまとめて省略して返却
const func5 = (val1, val2) => (
  {
    name: val1,
    age: val2,
  }
)

// 実行した結果を出力
console.log(func5("主田", 24)); // {name: "主田", age: 24}
```

この書き方は React を書いていく中でも使う機会が多いので、まずは上記のコードを見てパッと意味が分かるようにしておきましょう。

教えて
先輩！　　　　**Prettier ってなに？？**

 Prettier はコード整形のルールを統一してくれるもので、例えばこんなことをチームで統一できるよ

- アロー関数の引数みたいにカッコをつけてもつけなくても動作する時にどっちにするか
- 1 行に書ける文字数を制限。100 文字以上になったら強制的に改行する等
- 文末のセミコロンやカンマを記述するかどうか (JavaScript はどちらでも動作するケースが多い)

 他にも色んなルールがデフォルトで設定されていて、プロジェクトに合わせて好きにカスタマイズすることができるよ。コマンドでフォーマットを実行することもできるし、エディタの設定をすればコードを保存した時に自動でフォーマットされるようにもできるので、多くの現場で使われているから要チェックだね！

2-4 分割代入 { } [ ]

　ここでは分割代入について学びます。分割代入は、オブジェクトや配列から値を抽出するための方法です。

　まずは分割代入を使用しない場合にどのように処理を書くことができるか見ていきます。プロフィール情報を格納したオブジェクトからテンプレート文字列の節で記述したような文字列を出力する以下のケースがあったとしましょう。

例：分割代入を使用しない文字列を出力

```
const myProfile = {
  name: " 主田 ",
  age: 24,
};

const message = ` 私の名前は ${myProfile.name} です。年齢は
${myProfile.age} 歳です。`;
console.log(message); // 私の名前は主田です。年齢は 24 歳です。
```

　このくらいであればまだギリギリ大丈夫ですが、オブジェクトのプロパティの数が多かったり、オブジェクトの変数名がもっと長いと毎回 **myProfile.~** と書くのが非常に冗長になります。そこで分割代入を使用します。

オブジェクトの分割代入

　分割代入を用いると上記と同じ処理を以下のように書くことができます。

例：分割代入を使用

```
const myProfile = {
  name: " 主田 ",
  age: 24
};

// オブジェクトの分割代入
const { name, age } = myProfile;
```

```
const message = ` 私の名前は ${name} です。年齢は ${age} 歳です。`;
console.log(message); // 私の名前は主田です。年齢は 24 歳です。
```

　{ } を変数宣言部に使用することでオブジェクト内から一致するプロパティを
取り出すことができます。存在しないプロパティ名は指定できません。名称さえ
合っていれば一部のみ取り出したり、順番が違ったりしても大丈夫です。

🔲 **例：一部のみ取り出す**
```
// 一部のみ取り出す
const { age } = myProfile;
```

🔲 **例：順番を変えて取り出す**
```
// どんな順番でも大丈夫
const { age, name } = myProfile;
```

　また、抽出したプロパティに別名をつけたい場合は以下のように **:（コロン）**
を使用することでその変数名で扱うことも可能です。

🔲 **例：抽出したプロパティに別名をつける**
```
const myProfile = {
  name: " 主田 ",
  age: 24
};

// コロンで別の変数名を使用
const { name: newName, age: newAge } = myProfile;

const message = ` 私の名前は ${newName} です。年齢は ${newAge} 歳です。`;
console.log(message); // 私の名前は主田です。年齢は 24 歳です。
```

　オブジェクト内の値を使っていく場合は分割代入を用いてよりシンプルに記述
できないか考えてみると良いでしょう。

配列の分割代入

　オブジェクトと同様、配列に対しても分割代入を使うことができます。こちら
もまずは一般的な方法を見てみます。

例：配列のインデックスを指定して代入を行う

```
const myProfile = [" 主田 ", 24];

const message = ` 私の名前は ${myProfile[0]} です。年齢は
${myProfile[1]} 歳です。`;
console.log(message); // 私の名前は主田です。年齢は 24 歳です。
```

　上記の例は配列のそれぞれの要素にインデックスでアクセスして値を表示しています。こちらも分割代入を用いて同じ処理を以下のように書くことができます。

 例：配列に対して分割代入を行う

```
const myProfile = [" 主田 ", 24];

// 配列の分割代入
const [name, age] = myProfile;

const message = ` 私の名前は ${name} です。年齢は ${age} 歳です。`;
console.log(message); // 私の名前は主田です。年齢は 24 歳です。
```

　配列の分割代入の場合、変数宣言部に [ ] を使用し、**配列に格納されている順番に任意の変数名を設定**して抽出することができます。オブジェクトの時と異なり順番の入れ替えはできず、自分で任意に設定した変数名を使用することになります。インデックスの途中までしか必要ない場合等は以降の要素を省略することはできます。

 例：配列の必要な要素のみ取り出す

```
// 1 つ目のみ必要な場合
const [name] = myProfile;
```

　以上のように分割代入を用いて要素の抽出を効率的に行えます。シンプルな機能ですが React 開発で非常によく使うことになるため覚えておいてください。オブジェクトと配列で微妙にルールが違ったりする点も注意しましょう。

2

2-5 デフォルト値 =

　デフォルト値の設定は、関数の引数やオブジェクトの分割代入時に使用します。値が存在しない場合の初期値を設定することが可能になり、より安全に処理を行うことができます。

引数のデフォルト値

　まずは以下のような名前を受け取ってメッセージを表示する関数があるとしましょう（ここまでで読者の皆さんは以下のコードもすんなり読めるようになってますね）。

例：メッセージを出力する関数
```
const sayHello = (name) => console.log(`こんにちは！${name}さん！`);
sayHello("主田"); // こんにちは！主田さん！
```

　渡された名前を設定してコンソールに出力するだけの単純な関数です。ここで、sayHello関数を実行する時に引数が渡されなかった場合はどうなるでしょうか。

例：実行時に引数を渡さなかった場合
```
const sayHello = (name) => console.log(`こんにちは！${name}さん！`);

sayHello(); // こんにちは！undefinedさん！
```

　「こんにちは！undefinedさん！」となってしまいました。JavaScriptでは値が存在しない場合はundefinedが設定されるためこのようにユーザーには意味が分からないメッセージが表示されてしまいます。
　そこでデフォルト値を設定することで引数が渡されなかった場合に使用する値を記述できます。あくまでデフォルト値なので、何か値が渡された場合はそちらが優先されます。以下の例を見てみましょう。

例：デフォルト値の設定

```
const sayHello = (name = "ゲスト") => console.log(`こんにちは！
${name}さん！`);

sayHello(); // こんにちは！ゲストさん！
sayHello("主田"); // こんにちは！主田さん！
```

　引数名の後ろに = で値を記述することでデフォルト値を使用できます。引数を設定せずに sayHello 関数を実行した場合、先ほどは undefined と表示されていましたが、設定後は「ゲスト」という文字列になっていることが確認できます。このように渡されない可能性がある引数が存在する場合、デフォルト値を効果的に使うことができます。

オブジェクト分割代入のデフォルト値

　オブジェクトの分割代入時にもデフォルト値を使用することができます。以下のような処理があったとしましょう。

例：存在しないプロパティを出力

```
// name を削除
const myProfile = {
  age: 24,
}

// 存在しない name
const { name } = myProfile;

const message = `こんにちは！${name}さん！`;
console.log(message); // こんにちは！undefinedさん！
```

　そこで分割代入時にデフォルト値を設定することで以下のように処理を行うことができます。

例：分割代入時にデフォルト値を設定

```
const myProfile = {
  age: 24,
}
```

```
const { name = "ゲスト" } = myProfile;

const message = `こんにちは！${name}さん！`;
console.log(message); // こんにちは！ゲストさん！
```

引数の時と同様、変数名の後ろに = で値を設定しておくと、プロパティが存在しない場合に設定する値を指定できます。オブジェクトの場合ももちろんプロパティが存在する場合はそちらが優先されます。

デフォルト値は React の開発でもよく使うのでマスターしておきましょう。

2-6 スプレッド構文 ...

続いてスプレッド構文について見ていきましょう。スプレッド構文は配列やオブジェクトに対して使える記法でいくつかの使い道があります。

要素の展開

配列を 1 つ用意しましょう。

🎬 **例：配列**
```
const arr1 = [1, 2];
console.log(arr1); // [1, 2]
```

スプレッド構文は ... という形でドットを 3 つ繋げて使用します。配列に対して使用することで内部の要素を順番に展開してくれます。

書式 スプレッド構文
```
const arr1 = [1, 2];
console.log(arr1); // [1, 2]
console.log(...arr1); // 1 2
```

このように配列が展開されたので 1、2 という配列内の値が結果に出力されます。もう少し分かりやすい例を見てみましょう。

2つの引数を合計して出力する関数がある場合に、一般的な関数とスプレッド構文を用いた方法との比較です。

例：一般的な関数とスプレッド構文との比較

```
const arr1 = [1, 2];

const summaryFunc = (num1, num2) => console.log(num1 + num2);

// 普通に配列の値を渡す場合
summaryFunc(arr1[0], arr1[1]); // 3

// スプレッド構文を用いた方法
summaryFunc(...arr1); // 3
```

いかがでしょう。配列内部の値を「順番に展開」してくれるため簡潔に書けることが分かります。

要素をまとめる

スプレッド構文は「要素をまとめる」というニュアンスでも使用することができます。配列の分割代入の例が分かりやすいので、以下のコードを見てみましょう。

例：要素をまとめる

```
const arr2 = [1, 2, 3, 4, 5];

// 分割代入時に残りを「まとめる」
const [num1, num2, ...arr3] = arr2;

console.log(num1); // 1
console.log(num2); // 2
console.log(arr3); // [3, 4, 5]
```

先ほどの展開とは微妙に使い方が異なりますがこういった使い方もできます。

要素のコピー、結合

　ここからは、これまでの機能の応用的な使い方になります。よく使用される配列やオブジェクトのコピー、結合におけるスプレッド構文を紹介します。

　以下のような2つの配列があるとしましょう。

 例：2つの配列

```
const arr4 = [10, 20];
const arr5 = [30, 40];
```

　この arr4 をコピーした新たな配列を、スプレッド構文を用いて生成する場合、以下のような書き方ができます。

 例：スプレッド構文を用いて新たな配列を生成

```
const arr4 = [10, 20];
const arr5 = [30, 40];

// スプレッド構文でコピー
const arr6 = [...arr4];

console.log(arr4); // [10, 20]
console.log(arr6); // [10, 20]
```

　... で順番に展開して、[ ] で囲んでいるので結果的に新しい配列ができるという理屈です。

　応用で、2つの配列の結合も以下のように行えます。

 例：2つの配列の結合

```
const arr4 = [10, 20];
const arr5 = [30, 40];

// スプレッド構文で結合
const arr7 = [...arr4, ...arr5];

console.log(arr7); // [10, 20, 30, 40]
```

コピーと同じ理屈で、複数の配列を展開することで結合も簡単に表現可能です。上記のコピーや結合はもちろんオブジェクトに対して使用することもできます。

例：複数のオブジェクトの結合

```
const obj4 = {val1: 10, val2: 20};
const obj5 = {val3: 30, val4: 40};

// スプレッド構文でコピー
const obj6 = {...obj4};
// スプレッド構文で結合
const obj7 = {...obj4, ...obj5};

console.log(obj6); // {val1: 10, val2: 20}
console.log(obj7); // {val1: 10, val2: 20, val3: 30, val4: 40}
```

なぜ、=(イコール)でコピーしてはいけないのか

「わざわざスプレッド構文でコピーしなくても＝(イコール)でコピーすれば良いのでは？」と思った方もいるかもしれません。確かに以下のようにすれば配列等のコピーは可能です。

例：=(イコール)によるコピー

```
const arr4 = [10, 20];

// =でコピー
const arr8 = arr4;

console.log(arr8); // [10, 20]
```

しかし、この方法には問題があります。配列やオブジェクト等の「オブジェクト型」と呼ばれる変数はイコールでコピーすると**参照値**[※1]**も引き継がれてしまう**ため予期せぬ挙動が起きてしまうことがあります。

以下はイコールでコピーしたあとの配列に操作を加えたことでコピー元の配列

※1 変数を実際に格納している「場所」を示した値のようなもの

にも影響が出てしまう例です。

 例：コピーに起因する予期せぬ挙動

```
const arr4 = [10, 20];

// = でコピー
const arr8 = arr4;

// arr8 の最初の要素を 100 に書き換える
arr8[0] = 100;

console.log(arr4); // [100, 20]
console.log(arr8); // [100, 20]
```

　このようにコピー後の配列への操作がコピー元の配列にも影響を与えてしまっています。

　ではスプレッド構文を用いたコピーの場合はどうでしょうか。

 例：スプレッド構文を用いたコピー

```
const arr4 = [10, 20];

// スプレッド構文でコピー
const arr8 = [...arr4];

// arr8 の最初の要素を 100 に書き換える
arr8[0] = 100;

console.log(arr4); // [10, 20]
console.log(arr8); // [100, 20]
```

　スプレッド構文の場合は全く新しい配列を生成しているため元の配列に影響を与えることなく動作しています。

　詳しくは「4．React の基本」(P.89) で解説しますが、React 開発では値の変化に応じて画面を書き換えていくため、この「全く新しい配列である」という判断を React 側が上手くできるように配列等に変化を加えるときもイコールでのコピーではなくスプレッド構文でのコピー（新しい配列の生成）を使用していきます（splice 等の別の方法でも実装できます）。

2-7 オブジェクトの省略記法

オブジェクトの記述の仕方で、使用頻度の高いショートハンド（省略記法）があります。それは**「オブジェクトのプロパティ名」**と**「設定する変数名」**が同一の**場合は省略できる**というものです。以下の例を見てみましょう。

例：プロパティ名と変数名が同一の場合1

```javascript
const name = " 主田 ";
const age = 24;

// ユーザーオブジェクトを定義 ( プロパティ名は name と age)
const user = {
  name: name,
  age: age,
};

console.log(user); // {name: " 主田 ", age: 24}
```

上記は最も標準的な書き方でユーザー情報（name、age）を格納したオブジェクトを定義する例です。設定する値は事前に変数に格納してあります。

この例の場合プロパティ名と設定する変数名が同一なので、以下のようにも記述することができます。

例：プロパティ名と変数名が同一の場合2

```javascript
const name = " 主田 ";
const age = 24;

// 省略記法
const user = {
  name,
  age,
};

console.log(user); // {name: " 主田 ", age: 24}
```

オブジェクトの設定で **:（コロン）**以降を省略し、1つにまとめることができ

ました。オブジェクトの分割代入で別名をつける方法の逆のようなイメージですね。

この省略記法も頻繁に使っていくことになるので覚えておきましょう。

教えて
先輩！

ESLint って何？？

ここでは、ESLint というものについて少し説明するよ！ ESLint は静的解析ツールで、Prettier とセットで導入されることが多いよ。以下のようなコードの色んな問題をチェックすることができるからとっても便利なんだよね！

- var での変数宣言をチェック

- 使っていない変数をチェック

- 残っている console.log をチェック

- 意味のない式をチェック

    etc...

他にも React 特有のチェックを追加できたりするし、Prettier と同じでプロジェクトに合わせて色々カスタマイズできるからコードの品質を保つのに良いんだよ。2つセットで導入してみよう！

2-8 map、filter

配列の処理で頻出する map と filter について紹介します。

従来の for 文

従来配列をループして処理する場合、for 文を使用していました。以下は名前が格納された配列をループして出力するサンプルです。

 例：従来の for 文

`//` 配列を定義（※後藤は後続の章で登場）

```
const nameArr = [" 主田 ", " 先岡 ", " 後藤 "];

// for 文を使って配列処理
for (let index = 0; index < nameArr.length; index++) {
  console.log(nameArr[index]);
}
// 主田
// 先岡
// 後藤
```

　配列の要素の数分ループ処理を回して、ループ毎に index を 1 ずつ増加させ、配列の要素に index を用いてアクセスすることで順番に処理する仕組みです。構文も複雑で記述量もどうしても増えてしまいます。

map 関数の使い方

　では map 関数を使用するとどうなるか試してみましょう。map 関数では配列を順番に処理して処理した結果を配列として受け取ることができます。どういうことか順にコードを書いていきましょう。

例：配列 .map() STEP1
```
// 配列を定義
const nameArr = [" 主田 ", " 先岡 ", " 後藤 "];

// 配列 .map() として使用する
const nameArr2 = nameArr.map();
```

　まず map 関数は配列に対して、配列 .map() という形で使用していきます。

例：配列 .map() STEP2
```
// 配列を定義
const nameArr = [" 主田 ", " 先岡 ", " 後藤 "];

// 配列 .map( 関数 ) として使用する
const nameArr2 = nameArr.map(() => {});
```

　そして ( ) の中には関数を書きます。上記はアロー関数の雛形をまず記述し

たところです。関数は任意の名前をつけた引数をとることができ、そこに配列の中の値が入ってきます。そして返却する要素を関数内で return します。

例：配列 .map( )　STEP3

```
// 配列を定義
const nameArr = [" 主田 ", " 先岡 ", " 後藤 "];

// 引数（name）に配列の値が設定される。return で返却する。
const nameArr2 = nameArr.map((name) => {
  return name;
});

console.log(nameArr2); // [" 主田 ", " 先岡 ", " 後藤 "]
```

上記は順に処理する中で値をそのまま返しているので、同じ配列が設定されているという無意味な処理ですが、これが基本的な map の使い方です。では最初の for 文の例を map 関数で書き換えてみましょう。

例：map 関数を使用

```
// 配列を定義
const nameArr = [" 主田 ", " 先岡 ", " 後藤 "];

// map を使って配列処理
nameArr.map((name) => console.log(name));
// 主田
// 先岡
// 後藤
```

アロー関数を 1 行で書いてコンソールへの出力を記述しています。for 文の時と比べても非常にシンプルに書けることが分かるかと思います。返却値として配列を受け取る必要がない場合は上記のように新しい配列を定義せず単純にループ処理を行うこともできます。

filter 関数の使い方

では次に map 関数と似た filter 関数を見ていきましょう。filter 関数は map 関数とほとんど使い方が同じですが、return の後に条件式を記述して一致する

もののみが返却される関数となります。

以下は数字が格納された配列から奇数のみ取り出す例です。

 例：filter 関数で奇数のみ取り出す

```
// 配列を定義
const numArr = [1, 2, 3, 4, 5];

// 奇数（2 で割った余りが 1）のみ抽出
const newNumArr = numArr.filter((num) => {
  return num % 2 === 1;
});

console.log(newNumArr); // [1, 3, 5]
```

このように filter 関数は条件に一致する値のみ配列の中から取り出すことができます。プログラムを書いていて、「配列の中から特定の条件に一致するものを取り出して処理したい」というときは filter 関数を使っていきましょう。

index の扱い

配列をループで処理する場合、「何番目の要素か」ということを意識したいケースはよくあります。例えば従来の for 文の場合そもそも index を使用しているため、以下のようにすることで順序の概念も取り扱えます。

例：for 文の index で配列の要素順を取り出す

```
const nameArr = ["主田", "先岡", "後藤"];

// 定義済みの index を使用
for (let index = 0; index < nameArr.length; index++) {
  console.log(`${index + 1}番目は${nameArr[index]}です`);
}
// 1 番目は主田です
// 2 番目は先岡です
// 3 番目は後藤です
```

テンプレート文字列で出力している部分は皆さんならもう苦もなく読めるかと思います。index が 0 から始まっているため +1 して出力しています。

では、同じ処理を map 関数で実現してみましょう。ポイントとなるのは map( ) 内で実行する関数の引数です。

📺 **例：map 関数の引数で要素順を取り出す**

```
const nameArr = [" 主田 ", " 先岡 ", " 後藤 "];

// 第2引数に index が入ってくる
nameArr.map((name, index) => console.log(`${index + 1} 番目は ${name} です `));
// 1 番目は主田です
// 2 番目は先岡です
// 3 番目は後藤です
```

このように map 内の関数は第 2 引数を書くことができ、書いた場合はそこに 0 から順番に index の情報が格納されます。「何番目か」という概念が必要な場合は map や filter で第 2 引数を活用していきましょう。

map を用いたサンプル

では最後に map 関数を用いた簡単な例をコーディングしてみましょう。仕様は以下とします。

■ 仕様の説明

主田、先岡、後藤の名前が格納された配列がある。主田以外の名前の後ろには敬称である " さん " を付与した新たな配列を生成する (後藤は次章で登場)。

■ 仕様に対する実装例

実装のパターンはいくつもありますが、map を用いた 1 つの答えの例はこうなります。

📺 **例：map を用いた上記仕様の実装例**

```
const nameArr = [" 主田 ", " 先岡 ", " 後藤 "];

const newNameArr = nameArr.map((name) => {
  if (name === " 主田 ") {
    return name;
```

```
  } else {
    return `${name} さん`;
  }
});

console.log(newNameArr);
```

name が主田の場合はそのまま返却、それ以外の場合は末尾にさんを付与することで仕様を満たしています。このように配列の値を順番に扱っていくことで様々な操作が可能となります。

また、React では画面表示の際にも頻繁に map を使用していくことになります。詳しくは React の章で解説していくので楽しみにしておいてください。

2

2-9 おまけ：三項演算子

モダンな記法という訳ではないですが、React で使用することが多いので三項演算子についても解説しておきます。複雑に使いすぎると可読性が下がって良くないのですが、わざわざ if ~ else ~ と書く手間が省けるケースもあるため適材適所で使えるようになりましょう。

構文としては以下のイメージになります。

書式 三項演算子

> ある条件 ？ 条件が true の時の処理 ： 条件が false の時の処理

という感じで、ある条件文のあとに「?」と : (コロン) を使って処理を分岐させることができます。

最もシンプルな例は以下です。

例：? と : を使った処理の例
```
// 1 は 0 より大きいので true、よって : の左側が設定される
const val1 = 1 > 0 ? "true です" : "false です";

console.log(val1); // true です
```

その他、例えば「入力値が数値の場合は 3 桁カンマ区切りの表記に変換、数値以外の場合はメッセージを表示して注意する」という例の場合は以下のように記述できます。

例：入力値に対するメッセージを出す

```
// 数値を変換して出力する関数
const printFormattedNum = (num) => {
  const formattedNum = typeof num === "number" ? num.
toLocaleString() : "数値を入力してください";
  console.log(formattedNum);
};

printFormattedNum(1300); // 1,300
printFormattedNum("1300"); // 数値を入力してください
```

　typeof ~ は変数等の型を判定してくれるもので、**toLocaleString()** は数値を 3 桁カンマ区切りに変換してくれています。このように判定→変数設定のような時に三項演算子は有用です。

　もう 1 つの例を見てみましょう。関数の return 部で三項演算子を用いる例です。

例：関数の return 部で三項演算子を用いる

```
// 2 つの引数の合計が 100 を超えているか判定する関数
const checkSumOver100 = (num1, num2) => {
  return num1 + num2 > 100 ? "100 を超えています！" : "許容範囲内です
";
}

console.log(checkSumOver100(50, 40)); // 許容範囲内です
console.log(checkSumOver100(50, 70)); // 100 を超えています！
```

　このように return 部で三項演算子を用いることで関数をシンプルに書ける例もあるので上手に使っていきましょう。また、React を記述していく際に画面の要素の出し分けにも三項演算子を使用します。「4. React の基本」(P.89) で解説しますので、今は基本構文のみ把握しておきましょう。

おまけ：論理演算子の本当の意味 && ||

　コラム的な内容になりますが、読者の皆さんは論理演算子である **&&** と **||** の意味を知っているでしょうか？　おそらく多くの人が「かつ」や「または」という脳内変換をしているのではないでしょうか。なぜこの2つが「かつ」や「または」のような動きになるのか仕組みを解説したいと思います。

　そしてこの仕組みは React の開発でも実は生きてきます。以下のコードを見てみましょう。

📋 **例：論理演算子を使用した条件分岐**

```
const flag1 = true;
const flag2 = false;

if (flag1 || flag2) {
  console.log(" フラグはのどちらかは true です ");
}

if (flag1 && flag2) {
  console.log(" フラグは両方 true です ");
}

//  フラグのどちらかは true です
```

　true と false を設定した変数のシンプルな if 文での条件分岐です。この場合は「フラグのどちらかは true です」の文字列のみコンソールに出力されますね。では以下のケース1では何が出力されるでしょうか。

📋 **例：ケース1：|| を使用（null を設定）**

```
const num = null;
const fee = num || " 金額未設定です ";

console.log(fee); //  何が出力される？
```

　&& や || の本当の意味を知らない人は上記のコードを見た時に固まってしまいます。ちなみに上記の結果はこうなります。

```
const num = null;
const fee = num || " 金額未設定です ";

console.log(fee); // 金額未設定です
```

num に 100 の値を設定した場合のケース 2 では、以下のようになります。

```
const num = 100;
const fee = num || " 金額未設定です ";

console.log(fee); // 100
```

何故このようになるかというと、|| は**その左辺が true 判定なら即座に左辺を返却し、false 判定なら右辺を返却する**論理演算子だからです。（短絡評価と呼ばれる）null、undefined、0 などは JavaScript では false 判定 されるため 1 つ目の例では右辺が返却されて「金額未設定です」という文字列が変数に設定されたということです。

では、改めて最初の例を見てみましょう。

```
const flag1 = true;
const flag2 = false;

if (flag1 || flag2) {
  console.log(" フラグのどちらかは true です ");
}
```

なぜ「または」という動きになっているか先ほどのルールに沿って見てみます。まず、if 文は ( ) の中が true 判定になればその中の処理を実行します。そして**左辺が true 判定ならそのまま返却する（左辺が false 判定なら右辺を返す）**ため、まず左を見て左が true ならそのまま左を返却するので次の if 文が実行される、左が false なら右を返すのでもし右が true なら次の if 文が実行されるという動きになります。そのため結果的に「または」の動きになっているということです。

では && についてもみていきましょう。

例：ケース 3：&& を使用（100 を設定）

```
const num2 = 100;
const fee2 = num2 && "何か設定されました";

console.log(fee2); // 何か設定されました
```

　&& の場合は**左辺が false 判定なら即座に返却、true 判定なら右辺を返す**論理演算子となります。｜｜ とは逆ですね。

　こちらは同じ要領で最初の例を見てなぜ「かつ」になるか是非自分で確認してみてください。

　最初に少し触れましたが、なぜ、今さらこんなややこしい説明をしたかと言うと React で「特定の条件の場合のみ画面に表示」をする場合等にこれらの論理演算子を上手に使うことが求められるためです。この仕組みを知っていると習得がスムーズになるので覚えておきましょう。

教えて
先輩！　falsy、truthy、nullish って？？

 true 判定や false 判定って出てくるんですけどこれって式以外にも適用されるって本当ですか？

 そうだね、例えば " 主田 " みたいな文字列も JavaScript では暗黙的に boolean に変換することができるよ。だから if (" 主田 ") {~} みたいな処理も実行できるんだね。こんな感じで暗黙的に true に変換される値を truthy、false に変換されるものを falsy って呼ぶんだよ

 あ、&& とか || も truthy か falsy で判定してたんですね！

 その通り！ちなみに 0 や ""(空文字) は falsy だけど、[ ](空配列) や { }(空オブジェクト) は truthy だから注意

 うう...ややこしい...

 あとは null と undefined 判定されるものは nullish と呼ばれるよ。nullish かどうかによって判定できる ?? という演算子もあるから是非調べてみてね！

chapter 2 まとめ

- ▶ const、let での変数宣言を積極的に使用する
- ▶ テンプレート文字列は文字列内での JavaScript 展開を楽にする
- ▶ アロー関数には記法を含む様々な特徴がある
- ▶ 分割代入でオブジェクトや配列から値を抽出できる
- ▶ 引数や分割代入時にデフォルトの値を設定できる
- ▶ スプレッド構文を用いて配列やオブジェクトをまとめたりコピーしたりできる
- ▶ オブジェクトのプロパティ名と設定する変数名が同一の場合には、省略記法が使える
- ▶ for 文を使わなくても map 関数や filter 関数で配列のループ処理ができる
- ▶ 三項演算子で分岐を短く書ける
- ▶ 論理演算子の && と || の正しい意味を理解し使えるようになろう

JavaScript での
DOM 操作

React が解決した問題を知るためにはこ
れまでのフロントエンド開発がどのよう
に行われていたのかを知っておくことが
重要です。ここでは従来の JavaScript
での DOM 操作を学んでいきましょう。

主田君、前に渡した資料は読み終わったかな？　どうだった？

 ES2015 以降の便利な書き方とか全く知らなかったと気付けました！　何となく使ってた論理演算子とか三項演算子もちゃんと理解できたので学びが多かったです

 そかそか。それは良かった。あの資料に書いてるものは React 開発で頻出のものに絞って解説してるんだよね。もしそれを知らずにいきなり React 勉強し始めちゃうとコードの意味が分からなくて **React そのものの習得に集中できない**んだよね

 たしかに以前公式サイトとか見てた時にあんまり分からないまま進めてた箇所多かった気がします...

React を習得するためには当たり前だけど React 自体の勉強に集中しないといけない。それ以前の素の JavaScript については先に押さえてから取り組む、これは先岡さん自身が苦労した経験から導き出したロードマップらしい。

 あ、先岡さん！　主田さん！　おはようございます！！

振り返るとリクルートスーツを着た爽やかな笑顔の青年が立っていた。初めて見る顔だったので僕がきょとんとしていると先岡さんが察して喋りだしてくれた。

 あ、そうか。2人は初めましてだね。彼は新入社員の後藤君。研修が終わって今日からこの部署に配属になったから主田くんの後輩ってことになるね

後藤(ごとう)

新卒未経験の新入社員
元気が良い。悪気は全くないが
気になることをズバズバ言うタイプで周りをイラッとさせたり
ハッとさせたりする

後藤です！　よろしくお願いします！　まだ何もできないですがやる気と根性はあるのでご指導よろしくお願いします！！

そうだ、ちょうど2人とも同じとこまで進めてもらってるからここからは2人で React の習得に取り組んでもらおうかな！

いよいよ React ですか!?

残念！　あと1つだけ事前に取り組んで欲しいことがあります。それは素の JavaScript だけでの DOM 操作を知って欲しいってこと。主田君は jQuery 経験あるからイメージ湧くと思うんだけど、後藤君はいきなり React になるからここを知っておかないとなんだよね

先岡さん曰く、React の特徴や何がメリットかを理解するためには、素の JavaScript や jQuery でのアプリケーション作成を知っておくことが重要らしい。入門者がそこを飛ばしていきなり React の勉強をしても「こう書いたらこう動くのか。ふーん」程度の感動で終わってしまうと。

なるほど！　流石先岡さんっす！　主田さんよろしくお願いします！！

僕は確実に React 習得の道を歩んでいることにわくわくしながら事前準備最後のステップに取りかかった。

3-1 JavaScript による DOM アクセス

　純粋な JavaScript や jQuery で画面の要素を書き換える場合、**DOM を手続き的に操作**していきます。この章で伝えたいことは細かいメソッドや DOM 操作の仕方を覚えるということではなく、「従来の画面操作はこれほどまでに面倒だったんだよ」ということですので、多少理解が追いつかない箇所があっても気にせずに読み進めていきましょう。

雛形作成

　まずは、簡単な動作を試していくためのアプリケーションの雛形を作成していきます。

`フォルダ構成` 雛型

```
[プロジェクト]
├─ src
│  └─ styles.css
└─ index.html
```

雛型　　　　　　　　　　　　　　　　　　　　　　　　　　　　| index.html

```html
<!DOCTYPE html>
<html>
  <head>
    <title>JavaScript での DOM 操作 </title>
    <meta charset="UTF-8" />
    <link rel="stylesheet" href="src/styles.css" />
  </head>

  <body>
    <h1 id="title">Hello World!!</h1>
    <div class="container">
      <p> エリア1です </p>
    </div>
    <div class="container">
      <p> エリア2です </p>
    </div>
```

```
    </body>
  </html>
```

雛型

```css
.container {
  border: solid 1px #ccc;
  padding: 16px;
  margin: 8px;
}
```

　上記のアプリケーションの雛形を画面に表示した結果は以下（図 3-a）のよう
になります。

図 3-a　**画面表示**

　この画面から JavaScript で DOM を取得してみましょう。

JavaScript による DOM の取得あれこれ

　まずは JS ファイルを作成して読み込んでおきましょう。

フォルダ構成　index.js を追加

追加した index.js の出力テスト

```
console.log("test");
```

index.js を追加

```html
<!DOCTYPE html>
<html>
  <head>
    <title>JavaScriptでのDOM操作</title>
    <meta charset="UTF-8" />
    <link rel="stylesheet" href="src/styles.css" />
  </head>

  <body>
    <h1 id="title">Hello World!!</h1>
    <div class="container">
      <p>エリア1です</p>
    </div>
    <div class="container">
      <p>エリア2です</p>
    </div>
    <script src="src/index.js"></script> ←-----追加
  </body>
</html>
```

コンソールに test と表示されたら読み込みが正常にできています。

それでは id を指定して要素を取得してみます。id 指定で要素を取得するには以下のような方法があります。

id 指定で要素を取得

```javascript
// getElementById を使う
const title1 = document.getElementById("title");
console.log(title1);
// <h1 id="title">Hello World!!</h1>

// querySelector を使う
const title2 = document.querySelector("#title");
console.log(title2);
// <h1 id="title">Hello World!!</h1>
```

コンソールで確認すると HTML のタグっぽいものが JavaScript の変数として取得できていることが分かります。**document** というのは DOM ツリーのエントリーポイントで、**getElementById** は id を指定する DOM の取得方法です。また **querySelector** は ( ) 内に各種セレクタを指定することで一致する最初の要素が返却されるというものです。この取得された DOM 要素を今後 Element と呼びます。その他にもクラス名で取得する下記のような方法もあります。

クラス名で Element を取得 | index.js

```
// getElementsByClassName を使う
const containers = document.getElementsByClassName("container");
console.log(containers);
```

この場合、以下のように HTMLCollection に複数の Element が格納されて取得できます。

図 3-b **getElementsByClassName の取得結果**

```
▼HTMLCollection {0: HTMLDivElement, 1: HTMLDivElement, length: 2, item: ƒ item(), namedItem: ƒ namedItem()…}
  0: ►<div class="container">…</div>
  1: ►<div class="container">…</div>
  length: 2
► item: ƒ item() {}
► namedItem: ƒ namedItem() {}
► <constructor>: "HTMLCollection"
```

getElementsByClassName は指定したクラス名を持つ要素を取得します。**class="container"** を持つ div タグは 2 つ存在するので上図（図 3-b）のようにどちらも取得されていることが確認できます。このようにまとめて Element を取得するようなこともできます。また、前述した querySelector を使用してクラス名から Element を取得することも可能です。

querySelector による Element の取得 | index.js

```
// querySelector を使う
const container = document.querySelector(".container");
console.log(container);
```

クラス名の場合は . をつけます。querySelector は一致した最初の要素を返却するので、この場合は以下のように 1 つの Element が取得されます。

図 3-c　querySelector の取得結果

```
▼<div class="container">
    <p>エリア1です</p>
  </div>
```

querySelector の 複 数 Element を 取 得 で き る バ ー ジ ョ ン で あ る
querySelectorAll というものも存在します。

querySelectorAll による Element の取得 | index.js

```
// querySelectorAll を使う
const containers = document.querySelectorAll(".container");
console.log(containers);
```

querySelectorAll の 場 合 は 一 致 す る Element を 全 て 取 得 で き る の で、
getElementsByClassName の時と同じように複数の Element が取得できます。
な お、 厳 密 に は getElementsByClassName の 場 合 に 取 得 で き る の は
HTMLCollection であり、querySelectorAll の場合は、NodeList であるという
違いはあります。

図 3-d　**querySelectorAll の取得結果**

```
▼NodeList {0: HTMLDivElement, 1: HTMLDivElement, entries: ƒ entries(), keys: ƒ keys(), values: ƒ values()…}
    0: ▶<div class="container">…</div>
    1: ▶<div class="container">…</div>
  ▶entries: ƒ entries() {}
  ▶keys: ƒ keys() {}
  ▶values: ƒ values() {}
  ▶forEach: ƒ forEach() {}
    length: 2
```

従来のフロントエンド開発では上記のように、まずは「何に」対してこれから
操作をするのかというのを明示的に指定していく必要がありました。そのため
id や class やタグ名、階層構造等を駆使して操作対象の DOM を取得するという
のが手間で、バグが起きやすい箇所でもありました。

そういえば最近 Vanilla JS というのをネットで見たんですが、先岡さんご存知ですか？

 あー Vanilla JS っていうのは言い換えると『プレーンな JavaScript』、『素の JavaScript』、『ネイティブの JavaScript』ってことだよ。つまりただの JavaScript のこと

 なんだそうだったんですね。てっきりフレームワークか何かかと思ってました

 『じゃあバニラで実装しますか！』みたいな感じでさらっと使われることもあるから知っておくと良いかもね！

3

3-2 DOM の作成、追加、削除

続いて DOM の作成や追加、削除について見ていきましょう。

DOM の作成

JavaScript の機能を用いることでこれまで取得してきたような Element を新しく作成することができます。

例えば以下のように書くことで div の Element を生成することができます。

 div の生成

```
const divEl = document.createElement("div");
console.log(divEl);
// <div></div>
```

`createElement` は引数に HTML のタグ名を文字列で指定することができ、当該タグの Element を作成します。

存在しないタグを指定した場合は `HTMLUnknownElement` と呼ばれる指定した名称での Element っぽいものを生成することができますが、使い道はありません。

HTMLUnknownElement の生成

```javascript
// 存在しないタグ名を指定
const nushidaEl = document.createElement("nushida");
console.log(nushidaEl);
// <nushida></nushida>
```

　プレーンな JavaScript を用いて画面に要素を追加していくような場合、まず createElement で DOM 要素を作成していくことになります。

DOM の追加

　取得または作成した Element に対して要素を追加することもできます。例えば createElement で作成した div タグの中に p タグを追加するのに以下のように記述します。

 div 配下に p タグを追加

```javascript
// div タグの生成
const divEl = document.createElement("div");

// p タグの生成
const pEl = document.createElement("p");

// div タグ配下に p タグを追加
divEl.appendChild(pEl);
console.log(divEl);
```

　コンソールを確認すると以下 (図 3-e) の結果が得られます。

図 3-e　div タグ配下に p タグを追加した結果

このように **appendChild** を使うことで、ある Element の配下に他の Element を追加することができます。HTML を階層構造でコーディングするのと同じですね。

appendChild は配下の末尾に要素を追加するので、複数の子要素がある場合はどんどん末尾に追加されていきます。

div 配下に p タグと h2 タグを追加

```javascript
// div タグの生成
const divEl = document.createElement("div");

// p タグの生成
const pEl = document.createElement("p");

// h2 タグの生成
const h2El = document.createElement("h2");

// div タグ配下に p タグを追加
divEl.appendChild(pEl);
// div タグ配下に h2 タグを追加
divEl.appendChild(h2El);

console.log(divEl);
```

コンソールを確認すると以下 (図 3-f) の結果が得られます。

図 3-f　**div 配下に p タグと h2 タグを追加した結果**

```
▼<div>
    <p></p>
    <h2></h2>
  </div>
```

あとから追加した h2 タグが p タグより後ろに追加されていることが確認できます。

末尾ではなく、先頭に追加したい場合は prepend を使用します。

 div 配下の先頭に p タグと h2 タグを追加

```javascript
// div タグの生成
const divEl = document.createElement("div");

// p タグの生成
const pEl = document.createElement("p");

// h2 タグの生成
const h2El = document.createElement("h2");

// div タグ配下に p タグを追加（先頭）
divEl.prepend(pEl);
// div タグ配下に h2 タグを追加（先頭）
divEl.prepend(h2El);

console.log(divEl);
```

コンソールを確認すると以下（図 3-g）の結果が得られます。

図 3-g　div タグ配下の先頭に p タグと h2 タグを追加した結果

```
▼<div>
    <h2></h2>
    <p></p>
  </div>
```

　このように **appendChild** や **prepend** を用いることで特定の DOM 配下に別の DOM を追加することができます。

　「3-1．JavaScript による DOM アクセス」（P.70）で解説した DOM の取得と組み合わせることで、画面に要素を追加することができるので試してみましょう。次に使用するフォルダ構成とコードの内容を再確認します。

`フォルダ構成` 使用するフォルダ構成

```
📁 [プロジェクト]
├─📁 src
│  ├─📄 index.js
│  └─📄 styles.css
└─📄 index.html
```

使用する HTML ファイル | index.html

```
<!DOCTYPE html>
<html>
  <head>
    <title>JavaScript での DOM 操作 </title>
    <meta charset="UTF-8" />
    <link rel="stylesheet" href="src/styles.css" />
  </head>

  <body>
    <h1 id="title">Hello World!!</h1>
    <div class="container">
      <p> エリア 1 です </p>
    </div>
    <div class="container">
      <p> エリア 2 です </p>
    </div>
    <script src="src/index.js"></script>
  </body>
</html>
```

使用する js ファイル | index.js

```
// 一旦空白
```

画面の表示は以下（図 3-h）のようになっています。

図 3-h **画面表示**

Hello World!!

> エリア 1 です

> エリア 2 です

　では「エリア 1 です」という文字の下にボタンを設定してみます。index.js を編集することで画面が読み込まれた時にコードが実行され要素が追加できます。

```javascript
// button タグの生成
const buttonEl = document.createElement("button");
// ボタンのラベル設定
buttonEl.textContent = "ボタン";

// エリア1のdiv タグを取得
const div1El = document.querySelector(".container");

// div タグ配下にbutton タグを追加
div1El.appendChild(buttonEl);
```

画面を再読み込みし以下（図 3-i）のように表示されれば成功です。

図 3-i　エリア1にボタンを追加

このように画面から取得した Element に対して追加のメソッドを実行することで画面の表示を変更することができるのです。

DOM の削除

削除する場合は **removeChild** が使えます。例えば先程の HTML で「Hello World!!」と書かれた h1 タグを削除する例は以下です。

h1 タグを削除
```javascript
// h1 タグの取得
const h1El = document.getElementById("title");

// body タグの取得
const bodyEl = document.querySelector("body");
```

```
// body タグ配下から削除
bodyEl.removeChild(h1El);
```

画面を表示すると以下（図 3-j）のように「Hello World!!」の文字が無くなっています。

図 3-j **h1 タグがなくなっている**

removeChild はその配下から指定された Element を除去することができるメソッドです。特定の要素ではなく、子要素全てを削除したい場合は **textContent に対して null を設定**してあげると良いです。

body 配下を全削除
```
// body タグの取得
const bodyEl = document.querySelector("body");

// body タグ配下から削除
bodyEl.textContent = null;
```

これで画面がまっさらな状態になります。このように特定の要素の配下全てを一気に削除することも可能です。

新しく Element を作成したり、追加したり、削除したりすることで動的な画面の書き換えを行うことができます。**HTML の構造や id、クラス名と JavaScript のコードが密接に関わっている**ことが分かったかと思います。

では最後にこれまでの復習も兼ねて DOM 操作を実践していきましょう。

3

jQuery って何？？

 jQuery というのもよく聞くんですけどこの章で学習したプレーンな JavaScript とは違うんですか？？

 jQuery は JavaScript のライブラリで、複雑な JavaScript のメソッドをもっと簡単に扱えるようにしてるものって感じかな！例えばプレーンな JavaScript で `document.getElementById("nushida")` って指定していたと思うけど、jQuery を使って同じことを書くと `$("#nushida")` だけで良かったり

 なるほど〜、じゃあ jQuery を使ったほうが楽なんすね！

 そうだね。Web 制作の現場とかではまだまだ現役で使われてるね。ただ DOM を手続き的に操作するっていうのはプレーンな JavaScript と変わらないから、規模が大きかったり、データのやりとりが複雑になりがちな Web システム開発では今後使われなくなっていくという感じかな！

3-3 JavaScript による DOM 操作の実践

　これまでの内容を踏まえ、JavaScript で DOM を操作するアプリケーションを実装してみます。繰り返しになりますが、この章で伝えたいことは細かいメソッドや DOM 操作の方法を覚えるということではなく、「従来の画面操作はこれほどまでに面倒だったんだよ」ということですので、多少理解が追いつかない箇所があっても気楽に読み進めてもらえたらと思います。

作成するアプリケーション

　作成するのはフロントエンドだけで動作する簡単なメモアプリとします。以下（図 3-k）は作成するメモアプリの初期表示になります。

図 3-k　メモアプリの初期表示

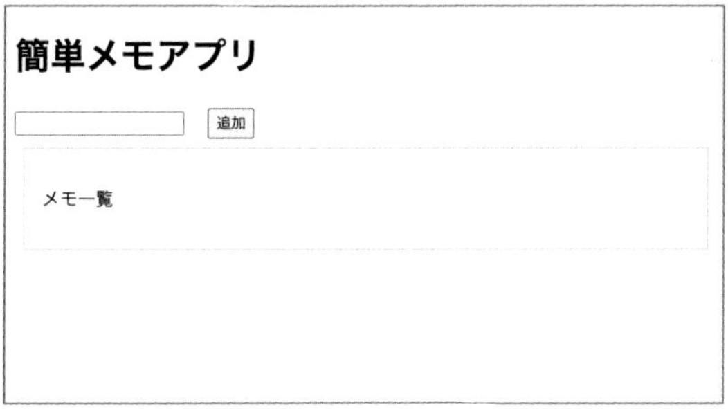

簡単メモアプリ
追加
メモ一覧

以下の図 3-l から図 3-m のようにテキストボックスに内容を入力して [追加] ボタンを押下すると一覧に追加され、各行の [削除] ボタンを押下すると該当行が一覧から削除されるというものです。全てプレーンな JavaScript で実装することができるので見ていきましょう。

図 3-l　テキストボックスにメモ内容を入力

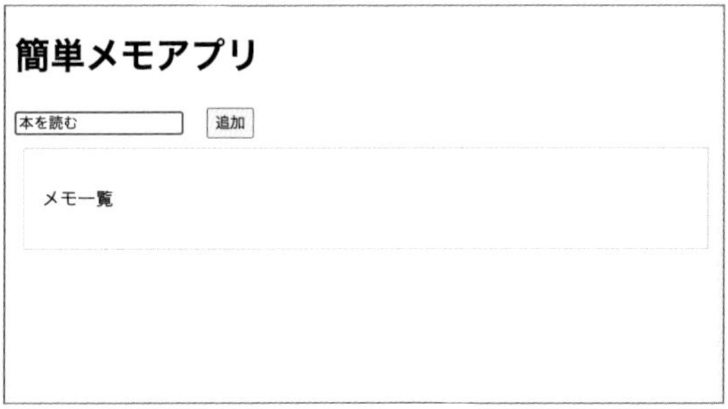

簡単メモアプリ
本を読む
追加
メモ一覧

図 3-m　[追加] ボタンを押下後

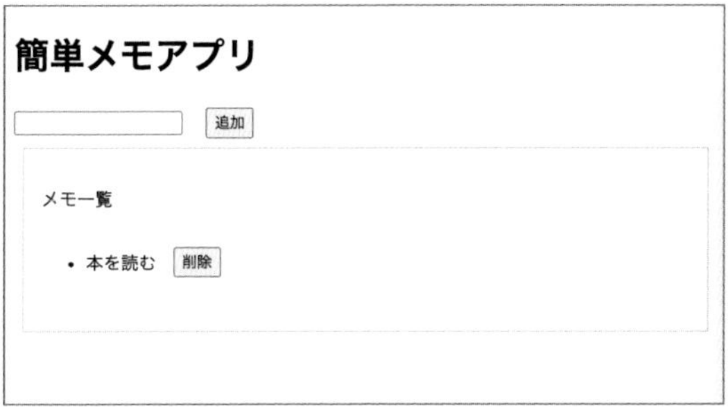

簡単メモアプリ
追加
メモ一覧
本を読む
削除

コードの事前準備

では、事前準備として JavaScript 以外のコードの雛形を作成します。

フォルダ構成 事前準備

```
[プロジェクト]
├─ src
│   ├─ index.js
│   └─ styles.css
└─ index.html
```

事前準備　　　　　　　　　　　　　　　　　　　　　　　　　index.html

```html
<!DOCTYPE html>
<html>
  <head>
    <title>簡単メモアプリ</title>
    <meta charset="UTF-8" />
    <link rel="stylesheet" href="src/styles.css" />
  </head>

  <body>
    <h1 id="title">簡単メモアプリ</h1>
    <input id="add-text" />
    <button id="add-button">追加</button>
    <div class="container">
      <p>メモ一覧</p>
      <ul id="memo-list"></ul>
    </div>

    <script src="src/index.js"></script>
  </body>
</html>
```

事前準備　　　　　　　　　　　　　　　　　　　　　　　　　styles.css

```css
.container {
  border: solid 1px #ccc;
  padding: 16px;
  margin: 8px;
}
```

```css
li > div {
  display: flex;
  align-items: center;
}

button {
  margin-left: 16px;
}
```

事前準備　　　　　　　　　　　　　　　　　　　　　　　　　　❙ index.js

```js
// 一旦空白
```

上記の作成したコードを実行すると画面の表示内容は「図 3-k メモアプリの初期表示」(P.83) のようになっています。

JavaScript 側から操作するために適宜 id を付与しています。また、簡易的ではありますが CSS で最低限のスタイルを調整しています。それでは、ここにJavaScript による DOM 操作処理を追加していきましょう。

JavaScript の処理

JavaScript の処理は以下のようになります。

処理の実装　　　　　　　　　　　　　　　　　　　　　　　　　　❙ index.js

```js
// 追加ボタン押下時に実行する関数
const onClickAdd = () => {
  // テキストボックスの Element を取得
  const textEl = document.getElementById("add-text");

  // テキストボックスの値を取得
  const text = textEl.value;

  // テキストボックスを初期化(空白に)
  textEl.value = "";

  // li タグ生成
  const li = document.createElement("li");

  // div タグ生成
  const div = document.createElement("div");
```

```javascript
  // p タグ生成 (テキストボックスの文字を設定)
  const p = document.createElement("p");
  p.textContent = text;

  // button タグ生成 (ラベルは [削除])
  const button = document.createElement("button");
  button.textContent = "削除";

  // ボタン押下時に行を削除する処理
  button.addEventListener("click", () => {
    // 削除対象の行 (li) を取得
    // closest は親要素に一致する文字列を探すメソッド
    const deleteTarget = button.closest("li");

    // ul タグ配下から上記で特定した行を削除
    document.getElementById("memo-list").
removeChild(deleteTarget);
  });

  // div タグ配下に p タグと button タグを設定
  div.appendChild(p);
  div.appendChild(button);

  // li タグ配下に上記の div タグを設定
  li.appendChild(div);

  // メモ一覧のリストに上記の li タグを設定
  document.getElementById("memo-list").appendChild(li);
};

// [追加] ボタン押下時に onClickAdd 関数を実行するよう登録
document
  .getElementById("add-button")
  .addEventListener("click", () => onClickAdd());
```

addEventListener を使うことでボタン押下時の処理を登録することができます。その他はこれまで紹介した取得や追加を上手く使うことでアプリケーションが完成しています。上記の処理で作成される DOM (各行) は以下のようなイメージです。

index.js の処理で作成される DOM のイメージ

```
<li>
  <div>
     <p> テキストボックスの内容 </p>
     <button> 削除 </button>
  </div>
</li>
```

　たったこれだけの要素を追加、削除するだけでもこのように複雑で長いコードになってしまいます。実際のアプリケーションで複雑な画面操作をしていく場合にどれだけカオスなソースコードになるか多少イメージできるかと思います（上手くコードを別ファイルに分割することを考慮しても）。

　この章では React 以前の JavaScript 開発でどのように画面操作をしていたかを体験しました。従来のフロントエンド開発を知っている人は問題ないのですが、最近プログラミングを始めた人は React を始める前にこの章の内容を知っておくだけで**「なぜ React が良いのか」**ということや、近代における JavaScript の変遷が理解できます。

　それではいよいよ次の章から React について学んでいきましょう。

3

フロントエンド開発してると CSS が今どうあたってるのか、JavaScript がどういう値を持っているのかとかデバッグが難しいなぁ〜と感じるんですけど先輩はどうしてますか？

 そうだね〜まず最初にフロントエンドエンジニアはデベロッパーツールと仲良くなる必要があるかな！　ブラウザ開いて、右クリックしたメニューから [検証] とか [要素を調査] っていうメニューを選択してみて。ちなみにショートカットキーで Windows なら F12、Mac なら command + option + i でも開けるよ

 おっ！　なんか画面の下に出てきました！

 それぞれのタブで色んなことができるんだけど、一例を挙げると画面の要素にあたっている CSS を確認できたり、HTTP リクエスト・レスポンスの内容を見れたり、擬似的にネットワークの速度を落として画面表示を確認できたり、コンソール（Console）でログの確認や JavaScript の実行ができたり、どんなファイル (JS、CSS、HTML 等) が配信されてるか見れたり、パフォーマンスの計測ができたり、ストレージとかクッキーの値が確認・編集できたり、あとは...

 あ、あの！　色々できるのが分かりました！　1 回検索して自分でも使いこなせるように調べまくってみます！

 そう？　まだまだ紹介したいけど自分で調べたほうが勉強になるかな。デベロッパーツールは早めに慣れたほうが開発効率も良いと思うから頑張って！

 chapter 3 まとめ

▶ 従来のフロントエンド開発を知ることで、より React が習得しやすくなる

▶ プレーンな JavaScript や jQuery では「この要素を」「こう操作する」というように手続き的に DOM 操作を行う

▶ HTML の id や class、DOM の階層構造等と JavaScript のコードが密接に関係しており複雑になりやすく保守が難しかった

React の基本

React を学ぶための下準備が終わりました。いよいよ React を習得していきます。まずは基本的な記法や特徴的な概念を知り、開発をスタートしていきましょう！

いやーーやっと終わったーーーー

なかなか大変だったね...

お、2人ともお疲れ様！　無事に JavaScript での DOM 操作を学べたみたいだね。どうだった？

んー、なんか**この要素に対してこうする**っていう感じは分かったんですけど**途中で自分が何してるか迷子になる**というか、**コードも長くなってけっこう苦労**しました...

僕は jQuery に慣れちゃってたので `createElement` とか忘れてしまってました。あとは DOM 要素を指定して作ったり消したりするのはやっぱり面倒臭くて読みづらいなぁと改めて感じました

うんうん。でもほんの数年前、React や Vue が流行る前まではこんな感じで手続き的に画面を変更していたんだよね。だから操作対象に目印として id をつけたり、DOM を新規に作成してその子に別の DOM を差し込んだりとか、とにかくややこしかったんだよ

先岡さん曰く、今回僕たちが体験したような素の JavaScript や jQuery で DOM を操作していくやり方は「手続き的」と表現されるらしい。「○○を××する」という要領で実装していく。一方、React は宣言的と表現されるらしい。「宣言的とはどういうことですか」と先岡さんに問いかけたが、「今言葉で説明してもどうせしっくりこないから、とりあえずやってみて違いを体感しなさい」と一蹴されてしまった。

さて、ここまでで React の学習に取りかかる準備が終わりました！主田君、ここまでやったことをホワイトボードにまとめてみてくれるかな？

言われるがまま、僕はこの 1 週間でやったことを書き出した。

- モダン JavaScript の基礎概念の理解

  ☑ 概説
  ☑ パッケージマネージャーについて
  ☑ モジュールバンドラーについて
  ☑ SPA について

  ☑ 仮想 DOM について
  ☑ ECMAScript について
  ☑ トランスパイラについて

- React で使うモダンな記法

  ☑ const、let について
  ☑ アロー関数について
  ☑ デフォルト値について
  ☑ オブジェクトの省略記法について
  ☑ 三項演算子や論理演算子について

  ☑ テンプレート文字列について
  ☑ 分割代入について
  ☑ スプレッド構文について
  ☑ map、filter について

- JavaScript での実装サンプル

  ☑ DOM 操作色々

 ざっとこんな感じですかね

 うわ、気付いたらこんなにやってたのか～

 そうだね。ここまで下準備をして初めて React の勉強に集中できる。**実は React の習得においてはここがけっこう大切で挫折するかしないかの明暗を分ける部分でもある**

 これでもう React マスターしたようなもんっすね！！

 いや、まだ入り口に立っただけだからね。これからまずは React の概要とか基本的なルール、記法を学んでもらいます。新しい概念も出てきて大変だと思うけど頑張ってね

 頑張ります！

4-1 React 開発の始め方

　ここからは React のコードを書いていくことになるので、React 開発を始めていく方法を 2 通り紹介します。

CodeSandbox、StackBlitz

　最も簡単に React 開発を体感するのにオススメなのは CodeSandbox や StackBlitz という Web サービスです（2024 年 3 月現在）。

　ここでは CodeSandbox の使い方を紹介します。

> **🖥️サイト** CodeSandbox
> **URL** https://codesandbox.io/

> **🖥️サイト** StackBlitz
> **URL** https://stackblitz.com/

　CodeSandbox は Web エディター上で簡単に JavaScript のプロジェクトが作成できて、コーディングや共有、GitHub との連携も行うことができるサービスです。

　本格的なサービス開発で使われることはありませんが、個人の勉強やコードの共有には最適なので環境構築に時間をとられたくなくてとにかく今は勉強自体に集中したい人にはオススメです。

　まずは、CodeSandbox のトップページ右上（図 4-a）にある [Try for free] ボタンを押下すると Create Sandbox メニュー画面（図 4-b）に遷移します。

図 4-a **CodeSandbox の TOP ページ**

図 4-b **CodeSandbox メニュー**

　表示された選択肢の中から [Create a Sandbox] をクリックするとテンプレート選択画面（図 4-c）に遷移します。

次に、Create Sandbox メニュー画面で表示されたテンプレートの中にある
[React] をクリックするだけで React のプロジェクト（図 4-c）が開始できます。

図 4-c　テンプレート選択画面

テンプレートの中から [React] を押下

図 4-d　React のプロジェクトが作成完了

その他にも色々な機能があるので、興味がある方は是非調べて使い込んでみて
ください。

Create React App

React プロジェクトを開始する時の最も一般的な方法です。

React の開発元である Meta 社が公式に提供しているもので、コマンド 1 つ
で React プロジェクトを開始することができます。

お手持ちのパソコンに Node.js をインストールして、ターミナルやコマンド
ラインから以下のコマンドを実行します。

▼ React プロジェクトを作成するコマンド

```
npx create-react-app [ プロジェクト名 ]
```

▼ my-app という名前で React プロジェクトを作成する場合

```
npx create-react-app my-app
```

実行したフォルダ内に my-app という名前のフォルダができるのでそこに移動し、スタートコマンドを実行することで、ローカル環境で React を立ち上げることができます。

▼ ローカル環境でコマンドを立ち上げる

```
cd my-app
npm start
```

上記コマンドを実行後、ブラウザで `http://localhost:3000/` にアクセスします。

図 4-d　**npm start 後に表示される画面**

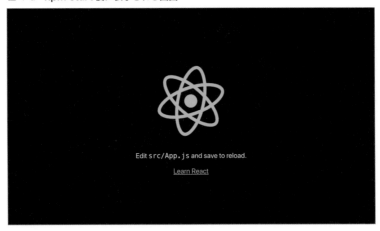

以降 React のコードを解説していきますが、是非上述したような方法で React プロジェクトを作成してコーディングできる環境を用意して進めてください。

4-2　JSX 記法

React は **JSX 記法**と呼ばれる書き方を使用します。これは JavaScript のファイルの中で HTML のようなタグを書けるというものです。

準備として React プロジェクトを作成し、**一度 src フォルダ内にあるファイルを全て削除し、index.js を新規に作成**してみます。

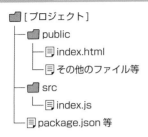

```
[プロジェクト]
├ public
│  ├ index.html
│  └ その他のファイル等
├ src
│  └ index.js
└ package.json 等
```

では index.js に React の基盤を書きながら JSX について学んでいきましょう。まずは、**react-dom/client** ライブラリから **ReactDom** という名前でモジュールを import します。

ReactDom の import　　　　　　　　　　　　　　　　　　　　❘ index.js

```
import ReactDOM from "react-dom/client";
```

次に **App** という名前で、アロー関数で定義した関数を用意します。一旦 null を返すだけの関数としましょう。

関数の定義　　　　　　　　　　　　　　　　　　　　　　　　❘ index.js

```
import ReactDOM from "react-dom/client";

const App = () => {
  return null;
};
```

ReactDom に は **createRoot** と い う メ ソ ッ ド が 用 意 さ れ て い る の で、「render 箇所」を引数に渡して root オブジェクトを生成し、更にその render メソッドを実行し引数に「render 対象」を設定します。

引数の指定　　　　　　　　　　　　　　　　　　　　　　　　❘ index.js

```
import ReactDOM from "react-dom/client";

const App = () => {
  return null;
};
```

```
const root = ReactDOM.createRoot(document.getElementById("root"));
root.render(<App />);
```

render メソッドに渡す引数が **<App />** となっていますが、React では関数名を HTML のようにタグで囲むことによって**コンポーネント**として扱うことができます。

createRoot メソッドに渡す引数は root という id を指定していますが、これが何を指しているかというと、pubic > index.html にある div タグを指しています。

指示された div タグ ∥ index.html

```
<!DOCTYPE html>
<html lang="en">

<head>
  (…省略 )
</head>

<body>
  (…省略 )
  <div id="root"></div>
  (…省略 )
</body>

</html>
```

SPA の場合、HTML ファイルは 1 つのみなのでこのようにアプリケーションのルートで「HTML のここにコンポーネントをレンダリングする！」というように指定してあげています。

今は App 関数で null を返しているだけなので画面は真っ白になっているはずです。では文字を表示してみます。

h1 タグで文字を表示 ∥ index.js

```
import ReactDOM from react-dom/client

const App = () => {
  return null; ←------------------------削除
  return <h1> こんにちは！ </h1>; ←----------追加
};
```

96

```
const root = ReactDOM.createRoot(document.getElementById("root"));
root.render(<App />);
```

すると画面に h1 タグで「こんにちは！」と表示されたかと思います。このように JSX 記法では**関数の返却値として HTML のタグが記述でき、それをコンポーネントとして扱って画面を構成**していきます。

JSX のルール

では h1 タグの下に p タグで文字を表示したいとして、同じように書いていきましょう。return 以降が複数行になる場合は **( )** で囲ってあげます。

p タグで文字を表示　　　　　　　　　　　　　　　　　　　　　　　┃index.js

```
import ReactDOM from react-dom/client

const App = () => {
  return (
    <h1>こんにちは！</h1>
    <p>お元気ですか？</p>
  );
};

const root = ReactDOM.createRoot(document.getElementById("root"));
root.render(<App />);
```

上記のように書くと、以下のようなエラーが出ると思います。

出力結果

```
Adjacent JSX elements must be wrapped in an enclosing tag. Did
you want a JSX fragment <>…</>?
```

1 つ重要な JSX のルールとして **return 以降は 1 つのタグで囲われている必要がある**というものがあります。なので例えば div タグ等で以下のように 1 番外側を囲むとエラーが出なくなります。

div タグで囲む　　　　　　　　　　　　　　　　　　　　　　　　┃index.js

```
import ReactDOM from react-dom/client
```

```
const App = () => {
  return (
    <div> ●--------------------追加
      <h1>こんにちは！</h1>
      <p>お元気ですか？</p>
    </div> ●--------------------追加
  );
};

const root = ReactDOM.createRoot(document.getElementById("root"));
root.render(<App />);
```

　もしくは React に用意されている **Fragment** というものを使用することもできます。Fragment の書き方は 2 種類あり、"react" から Fragment を import して使用するか、空のタグで囲んであげても同じ意味となります。

Fragment の場合　　　　　　　　　　　　　　　　　　　　　　| index.js

```
import ReactDOM from react-dom/client
import { Fragment } from "react";

const App = () => {
  return (
    <Fragment>
      <h1>こんにちは！</h1>
      <p>お元気ですか？</p>
    </Fragment>
  );
};
```

省略記法（空タグ）の場合　　　　　　　　　　　　　　　　　　| index.js

```
import ReactDOM from react-dom/client

const App = () => {
  return (
    <>
      <h1>こんにちは！</h1>
      <p>お元気ですか？</p>
    </>
  );
};
```

div タグとは異なり上記の場合は、不要な DOM は生成されないのでエラーを回避するためだけに外側を囲みたい場合等は有効な手段となります。

4-3 コンポーネントの使い方

ここまでは index.js に色々書いてきましたが、そのまま画面を全て index.js のみに書いていくと何千行とかになってしまいます。

React 開発では画面の要素を様々な粒度のコンポーネントに分割することで再利用性や保守性を高めるのが基本となります。

ここまでで書いたように、関数で定義されたコンポーネントを関数コンポーネントって呼ぶよ！　以前の React では Class で定義されたクラスコンポーネントも使われてたけど、今は関数コンポーネントが主流で、新規開発でクラスコンポーネントを使うことはなくなったよ！

4

コンポーネントの分割

ではコンポーネント化の流れについて学びましょう。まずは src フォルダ配下に App.js というファイルを新しく作成します。

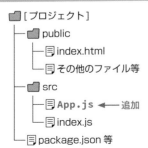

`フォルダ構成` 現在の構成

```
[プロジェクト]
├─ public
│   ├─ index.html
│   └─ その他のファイル等
├─ src
│   ├─ App.js ◀─ 追加
│   └─ index.js
└─ package.json 等
```

作成した App.js に index.js に記述した関数を書いていきます。

index.js の関数を記述したもの ▎App.js

```
const App = () => {
  return (
    <>
      <h1> こんにちは！</h1>
      <p> お元気ですか？</p>
    </>
  );
};
```

ただこのままではこの関数コンポーネントはこのファイル中でしか使えないので、**他のファイルでも使えるように export する必要があります**。

export する ▎App.js

```
const App = () => { •------------------削除
export const App = () => { •-----------追加
  return (
    <>
      <h1> こんにちは！</h1>
      <p> お元気ですか？</p>
    </>
  );
};
```

export されたものは import することで他のファイル内で使用することができるので index.js を以下のように変更していきます。index.js に書いていた App 関数は削除しましょう。

App 関数の削除 ▎index.js

```
import ReactDOM from react-dom/client
import { App } from "./App"; •-----------追加

const App = () => {    •--------
  return (                      ┊
    <>                          ├----------削除
      <h1> こんにちは！</h1>     ┊
```

```
      <p> お元気ですか？ </p>
    </>
  );
};
```

```
const root = ReactDOM.createRoot(document.getElementById("root"));
root.render(<App />);
```

同階層にある App.js から App という名前の関数コンポーネントを読み込む場合、上記のように書きます。拡張子は省略可能です。

これで画面の表示は変わらず、コンポーネント化に成功しました。このように各ファイルでコンポーネントを定義しておいて、他のファイルから読み込んでパーツを組み合わせるように画面を構築していくことは React 開発の醍醐味の1つです。

コンポーネントファイルの拡張子

React は内部的には JavaScript が動いているだけなので、これまでのように `.js` という拡張子で動作させることができます。ただそれ以外にコンポーネント用の `.jsx` という拡張子も用意されています。

試しに App の拡張子を変更してみてください。特にエラーなく動作するはずです。

フォルダ構成 App の拡張子を変更

```
[プロジェクト]
├── public
│   ├── index.html
│   └── その他のファイル等
├── src
│   ├── App.jsx ◀── 拡張子変更
│   └── index.js
└── package.json 等
```

エディターの設定によりますがファイル横のアイコンも React のマークに変わってくれたりします。

図 4-e　拡張子のアイコン

　好みやプロジェクト毎のルールはありますが、基本的には**コンポーネントファ
イルの拡張子は jsx にすることをオススメ**します。一目でコンポーネントなのか
それ以外の js ファイルなのか分かりますし、拡張子が jsx になっていることで、
エディターの便利な補完機能が働きます。

　本書でも以降のコンポーネントファイルは jsx で作成していくこととします。

4-4　イベントやスタイルの扱い方

　次は React におけるイベントの実行方法やスタイルの適用方法について学び
ましょう。

イベントの扱い方

　例えばボタンを押した時のイベントは通常 **onclick** で書いていくと思いま
すが、React の場合はどうなるでしょうか。
　まずはボタンを作成しましょう。

ボタンの作成　　　　　　　　　　　　　　　　　　　　　　　　　　　App.jsx

```
export const App = () => {
  return (
    <>
      <h1> こんにちは！</h1>
      <p> お元気ですか？</p>
      <button> ボタン </button> ●-----------追加
    </>
```

```
  );
};
```

ボタンに対してクリックイベントを割り当てていきますが、React の場合は
イベント等が**キャメルケース（単語のつなぎ部分を大文字にする記法）**になりま
す。

Point
キャメルケースの記法
× onclick
○ onClick

× onchange
○ onChange

そしてもう1つ、JSX で書いている HTML のようなタグの中（return 以降等）
では { } で囲むことで JavaScript を記述できます。

4

タグの中の記述　　　　　　　　　　　　　　　　　　　　　　　　| App.jsx

```
export const App = () => {
  return (
    <>
      {console.log("TEST")} // つまりこういうことも可能
      <h1> こんにちは！ </h1>
      <p> お元気ですか？ </p>
      <button> ボタン </button>
    </>
  );
};
```

それらを踏まえ、ボタンを押した時に alert を実行する機能を実装すると以下
のようになります。

alert 機能の実装　　　　　　　　　　　　　　　　　　　　　　　| App.jsx

```
export const App = () => {
  // ボタンを押した時に実行する関数を定義
  const onClickButton = () => {
```

```
    alert();
  };

  return (
    <>
      <h1> こんにちは！ </h1>
      <p> お元気ですか？ </p>
      <button onClick={onClickButton}> ボタン </button>
    </>
  );
};
```

これでボタンを押すとブラウザの alert が表示されるかと思います。上記で説明したキャメルケースの件と、= のあとには JavaScript で定義した関数名を割り当てるので {} で囲んで関数名を書いています。これが React でイベントを割り当てる基本です。

スタイルの扱い方

次にスタイル（CSS）のあてかたを見ていきましょう。通常の HTML／CSS 同様、React でも各タグに **style** 属性を記述することでスタイルを適用することができます。ただ、注意点として CSS の各要素は **JavaScript のオブジェクト**として記述します。例えば文字の色を赤色にしたい場合は以下のように書きます。

文字を赤色に変更 | App.jsx

```
export const App = () => {
  // …省略
  return (
    <>
      <h1 style={{ color: "red" }}> こんにちは！ </h1>
      <p> お元気ですか？ </p>
      <button onClick={onClickButton}> ボタン </button>
    </>
  );
};
```

style を指定しイベントと同様に JavaScript を書くので、**style={}** のように波カッコで囲み、その中にオブジェクトで CSS に対応する要素を指定してい

くため **style={{}}** となっています（ややこしいですが）。

　オブジェクトでの CSS の指定方法はプロパティ名に CSS の名前を書き、値を設定します。注意点としては、JavaScript のオブジェクトなので値は **red** ではなく **"red"** としないといけません。普通の CSS と同じ書き方をするとエラーになるので気をつけましょう。これらを踏まえ、**style={{ color: "red" }}** という指定になるというわけです。

　JavaScript のオブジェクトで指定できるので、もちろん事前に定義しておいた変数を割り当てることもできます。以下は p タグの文字を青色にしてフォントサイズを大きくする例です。

p タグの文字の色と大きさの変更 ┃ App.jsx

```
export const App = () => {
  // …省略

  // CSS オブジェクト
  const contentStyle = {
    color: "blue",
    fontSize: "20px"
  };

  return (
    <>
      <h1 style={{ color: "red" }}> こんにちは！ </h1>
      <p style={contentStyle}> お元気ですか？ </p>
      <button onClick={onClickButton}> ボタン </button>
    </>
  );
};
```

　一度変数をはさんでいますがやっていることは同じです。気をつける点として、**font-size** ではなく **fontSize** となっていることに注意してください。JavaScript のオブジェクトのプロパティ名は **-（ハイフン）** は認められていないので、イベント等と同様 CSS のプロパティ名も全てキャメルケースとなります。

　以上のような方法で React のタグにもスタイルを適用することができます。この他にも CSS ファイルを読み込む方法や、CSS-in-JS と呼ばれる JavaScript のファイルの中で CSS を記述する方法もあるので、それらについては次の章で解説していきます。

次に、React で重要な概念となる **Props** について解説していきます。

Props とは

Props はコンポーネントに渡す引数のようなもの（図 4-f）で、コンポーネントは受け取った Props に応じて表示するスタイルや内容を変化させます。

図 4-f **Props の概念**

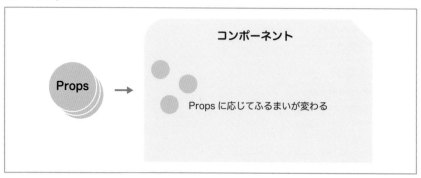

例えばある文字を表示するコンポーネントがあるとして、よくある「通常時は黒文字、エラー時は赤文字」のような仕様の場合に、黒文字用のコンポーネントと赤文字用のコンポーネントをわざわざ作るようなことをするとコンポーネントの数が膨大になりますし、せっかく作ったコンポーネントの再利用が上手くできない状態になります。

そういった場合にある程度動的にコンポーネントを使い回せるように Props で条件を渡してあげます。

Props を学ぶ下準備

では Props を学ぶ準備として先程作成したコードにピンク色の文字を追加してみましょう。

ピンク色の文字を追加

```
export const App = () => {
  // …省略

  // ピンク用に追加
  const contentPinkStyle = {
    color: "pink",                    ┌----------追加
    fontSize: "20px"
  };

  return (
    <>
      <h1 style={{ color: "red" }}> こんにちは！</h1>
      <p style={contentStyle}> お元気ですか？</p>
      <p style={contentPinkStyle}> 元気です！</p> ←----------追加
      <button onClick={onClickButton}> ボタン </button>
    </>
  );
};
```

上記のようにすれば実現はできますが、似たような style を書くのは面倒かつ無駄にコードが長くなってしまいます。そこで、方針としては**色とテキストをProps として受け取って色つきの文字を返すコンポーネント**を作成していきたいと思います。

では ColoredMessage という名前でコンポーネントを作成し、まずは青色で「お元気ですか？」と固定表示するように実装してみます（components というフォルダ内に配置）。

> **フォルダ構成** 現在の構成

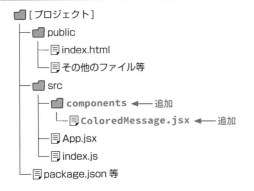

```
[プロジェクト]
├─ public
│  ├─ index.html
│  └─ その他のファイル等
├─ src
│  ├─ components  ◄── 追加
│  │  └─ ColoredMessage.jsx ◄── 追加
│  ├─ App.jsx
│  └─ index.js
└─ package.json 等
```

ColoredMessage.jsx は App.jsx から青色用のスタイルと p タグ部分をコピーしてきます。

p タグ部分をコピー ❙ ColoredMessage.jsx

```jsx
export const ColoredMessage = () => {
  const contentStyle = {
    color: "blue",
    fontSize: "20px"
  };

  return <p style={contentStyle}> お元気ですか? </p>;
};
```

App.jsx を修正して、ColoredMessage.jsx に移動した部分を削除し ColoredMessage を import して表示します。

ColoredMessage を import ❙ App.jsx

```jsx
import { ColoredMessage } from "./components/ColoredMessage"; ●┐
                                                            追加

export const App = () => {
  const contentStyle = {┌●┐
    color: "blue",       ├──── 削除
    fontSize: "20px"     │
  };                   ●┘

  // …省略

  return (
    <>
      <h1 style={{ color: "red" }}> こんにちは! </h1>
      <p style={contentStyle}> お元気ですか? </p> ●───── 削除
      <ColoredMessage /> ●───────────────────────── 追加
      <p style={contentPinkStyle}> 元気です! </p>
      <button onClick={onClickButton}> ボタン </button>
    </>
  );
};
```

これで先ほどまでと画面の表示は変わりませんが、「お元気ですか?」という

108

文字の部分はコンポーネント化したものを表示できています。では Props を渡して動的に変更できるようにしていきましょう。

Props の使い方

Props を使うためには Props を渡すほうのコンポーネント (App.jsx) と渡されるほうのコンポーネント (ColoredMessage.jsx) のどちらも修正する必要があります。

まず、渡すほうは以下のようにコンポーネントのタグの中に任意の名称をつけて Props を渡します。今回の場合は、色とメッセージを Props として渡したいので color と message としています。そして、= のあとに実際に渡す値を設定することができます。

color と message を Props として渡す　　　　　　　　　　　　　　❚ App.jsx

```
// …省略

return (
  <>
    <h1 style={{ color: "red" }}>こんにちは！</h1>
    <ColoredMessage /> { ←-----------削除
    <ColoredMessage color="blue" message=" お元気ですか？ " /> ←--追加
    <p style={contentPinkStyle}>元気です！</p>
    <button onClick={onClickButton}>ボタン</button>
  </>
);
};
```

では Props を渡されたほうで Props の中身を確認してみましょう。コンポーネントには Props がオブジェクトとして渡されてくるので任意の名称（一般的には props という名称が多い）で受け取ります。

Props をオブジェクトとして受け取る　　　　　　　　　　❚ ColoredMessage.jsx

```
export const ColoredMessage = () => { ←-----------削除
export const ColoredMessage = (props) => {  ┆----追加
  console.log(props);
  // {color: "blue", message: " お元気ですか？ "}
```

```
  const contentStyle = {
    color: "blue",
    fontSize: "20px"
  };

  return <p style={contentStyle}> お元気ですか? </p>;
};
```

このように親のコンポーネントから渡した Props がオブジェクトとして受け取れていることが確認できました。

ではあとは色とメッセージの部分を渡された Props を使うように変更してみましょう（console.log は削除）。

Props を使える形に変更　　　　　　　　　　　　　　　　　 ┃ ColoredMessage.jsx

```
export const ColoredMessage = (props) => {
  console.log(props); ●----削除
  const contentStyle = {
    color: "blue", ●-------削除
    color: props.color, ●--追加
    fontSize: "20px"
  };

  return <p style={contentStyle}> お元気ですか? </p>; ●-------削除
  return <p style={contentStyle}>{props.message}</p>; ●--追加
};
```

style の color の値を Props で受け取ったものを設定するように変更、そして p タグ内の文字に Props の message を設定しています。JSX 内で JavaScript を記述するので { } で囲むことに注意しましょう。

これで動的に色と文字を変更できるコンポーネントを作成することができました。ではピンク色のほうの文字も表示できるか確認してみましょう（App.jsx からは style の記述を全てなくすことができます）。

画面の表示確認　　　　　　　　　　　　　　　　　　　　　　　　 ┃ App.jsx

```
import { ColoredMessage } from "./components/ColoredMessage";

export const App = () => {
```

```
// ボタンを押した時に実行する関数を定義
const onClickButton = () => {
  alert();
};

// ピンク用に追加
const contentPinkStyle = {
  color: "pink",              -----削除
  fontSize: "20px"
};

return (
  <>
    <h1 style={{ color: "red" }}>こんにちは！</h1>
    <ColoredMessage color="blue" message=" お元気ですか？ " />
    <p style={{contentPinkStyle}}>元気です！</p> -------------削除
    <ColoredMessage color="pink" message=" 元気です！ " /> ---追加
    <button onClick={onClickButton}> ボタン </button>
  </>
);
};
```

以上のように変更してこれまでと画面の表示が変わらないことを確認しましょ
う。これが基本的な Props の使い方となります。コードもシンプルになり、見
通しが良くなりました。

children

Props にはこれまでタグ内で任意の名称を設定していました。それ以外に特
別な Props として **children** というものが存在します。コンポーネントも通常
の HTML タグと同様以下のように任意の要素を囲って使用することができます。
この囲まれた部分が children として Props に設定されます。

例：children の設定
```
// children が未設定
<ColoredMessage />

// children として nushida を設定
<ColoredMessage>nushida</ColoredMessage>
```

ColoredMessage は通常の p タグと同じ感覚で使用でき、他の人がコードを確認する際に、より分かりやすくなります。なので、テキスト部分については children で渡すように修正してみましょう。

テキストを children で渡す | App.jsx

```jsx
// …省略

return (
  <>
    <h1 style={{ color: "red" }}>こんにちは！</h1>
    <ColoredMessage color="blue" message=" お元気ですか？ " />
    <ColoredMessage color="blue"> お元気ですか？ </ColoredMessage>
    <ColoredMessage color="pink" message=" 元気です！ " />
    <ColoredMessage color="pink">元気です！</ColoredMessage>
    <button onClick={onClickButton}> ボタン </button>
  </>
);
};
```

追加
削除
削除
追加

children でメッセージを受け取る | ColoredMessage.jsx

```jsx
export const ColoredMessage = (props) => {
  const contentStyle = {
    color: props.color,
    fontSize: "20px"
  };

  // props.children に変更
  return <p style={contentStyle}>{props.message}</p>;
  return <p style={contentStyle}>{props.children}</p>;
};
```

削除
追加

これでテキストメッセージについては children を使用して渡すことができるようになりました。ちなみに children はこのように単純な文字だけでなく、以下のようにタグで囲んだ要素を丸ごと渡すこともできます。

例：children に大きな要素を渡す例

```
<SomeComponent>
  <div>
```

```
      <span>nushida</span>
      <p>sakioka</p>
    </div>
</SomeComponent>

// SomeComponent の children には以下が渡る
<div>
  <span>nushida</span>
  <p>sakioka</p>
</div>
```

複雑なコンポーネントを組んでいく場合、必須の知識となるので覚えておきましょう。

Props を扱うテクニック

以上で Props の基本的な使い方の紹介は終わりですが、最後に Props を扱う時のテクニックを紹介します。ここでは、2章で学んだ**分割代入**（P.45）や**オブジェクトの省略記法**（P.55）の知識が生きてきます。

現状の ColoredMessage のコードを見てみると、Props を扱う場合毎回 `props.~` とタイプしているのが分かります。

Props の確認　　　　　　　　　　　　　　　　　　　　　▌ColoredMessage.jsx

```
export const ColoredMessage = (props) => {
  const contentStyle = {
    color: props.color,
    fontSize: "20px"
  };

  return <p style={contentStyle}>{props.children}</p>;
};
```

この程度ならそこまで問題はないですが、同じ Props を複数回使用する時や Props の数が多い場合に毎回 `props.~` と記述するのは面倒です。そこで最初の段階で Props を分割代入しておくことでより簡潔に扱うことができます。

4

Props の分割代入　　　　　　　　　　　　　　┃ColoredMessage.jsx

```jsx
export const ColoredMessage = (props) => {
  // Props を分割代入
  const { color, children } = props;

  const contentStyle = {
    color: color, // props. が不要
    fontSize: "20px"
  };

  // ↓ Props. が不要
  return <p style={contentStyle}>{children}</p>;
};
```

　初めに Props から要素を取り出して、それ以降の記述を短くすることができました。また、Props を取り出したことによって **contentStyle** の **color** はプロパティ名と設定値が同一になったので以下のようにオブジェクトの省略記法のルールに則って短く書くことができます。

省略記法のルールに則った記述　　　　　　　　┃ColoredMessage.jsx

```jsx
  // …省略
  const contentStyle = {
    color, // ← 省略記法が使える
    fontSize: "20px"
  };

  // …省略
};
```

　このように Props を展開して扱う方法もあるので是非生かしてください。Props をどう扱うかはプロジェクト毎にルールを決めて統一することをオススメします。ちなみに以下のように引数の段階で展開するパターンもあったりします。

引数の段階で展開するパターン　　　　　　　　┃ColoredMessage.jsx

```jsx
  // 引数の()の段階で分割代入
export const ColoredMessage = ({ color, children }) => {
  const contentStyle = {
```

```
    color,
    fontSize: "20px"
  };

  return <p style={contentStyle}>{children}</p>;
};
```

初見だとちょっと混乱してしまいがちですが、どのパターンでもやってることは同じなので落ち着いて読み解くようにしましょう。

教えて
先輩！　Props を destructure する？？

ここでは Props を分割代入して扱う例を紹介したけど、あえて分割代入しないというのも選択肢なんだよね。props.~ と書いてあることで読む時に『あ、Props から渡ってきた値なんだな』って気付けるっていうメリットもあるからね

なるほど、プロジェクトのルールとか好みによるってことですね

そう！　これについて話す時に『Props って destructure します？』みたいな感じで会話に出てきたり、技術記事に書いてあったりするから知っておくと良いかも

destructure する?? ってどういうことですか??

まぁ分割代入するかってことだね！　分割代入が Destructuring assignment って英訳されるから分割代入することを destructure するって表現されたりするだけ

なるほど、Props を destructure するかどうか問題。覚えておきます！

4

State(useState)

React 開発では画面に表示するデータや、可変の状態を全て State として管理していきます。最も大切な内容となるのでしっかり学んでいきましょう。

State とは

Props に続いて React で重要になる概念が **State** です。その名の通り、コンポーネントの状態を表す値です (図 4-g)。

図 4-g **State の概念**

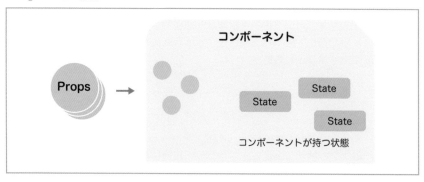

Web アプリを作る場合、様々な状態を画面は持っています。画面の状態の例としては以下のものがあります。

- エラーがあるか
- モーダルウィンドウを開いているか
- ボタンを押せるか
- テキストボックスに何を入力したか

このような「状態」は全て State として管理し、イベント実行時等に更新処理を行うことで動的アプリケーションを実現していきます。
では実際にコードを書きながら State に触れていきましょう。

useState

　現在主流となっている関数コンポーネントでは React Hooks と総称される機能群の中の **useState** という関数を用いて State を扱っていきます。useState は React の中に用意されているので、使用する場合は以下のように import する必要があります。

書式 useState の import

```
import { useState } from "react";
```

　そして useState 関数の返却値は配列の形で**1つ目に State 変数、2つ目にその State を更新するための関数**が設定されます。

書式 useState の使用例

```
const [num, setNum] = useState();
```

　この場合、**num** が状態を持った変数、**setNum** がそれを更新する関数となります。そして **useState** は関数なので使用する時は **()** をつけて関数を実行します。

　配列の分割代入で学んだように、名称は自由につけることができますが暗黙のルールとして上記のように変数名が **num** であれば更新関数名は **setNum** のようにします。

　上記の場合は num の初期値は **undefined** となりますが、State 変数に初期値を設定したいケースも多々あります。その場合は useState 関数を実行する際に引数を指定します。

4

```
const [num, setNum] = useState(0);
```

このように値を指定することで State の初期値を制御できます。ではこれまで実装してきた App.jsx に**数値の State を定義し画面に表示、ボタン押下時にカウントアップする機能**を実装してみましょう。

カウントアップ機能の実装 | App.jsx

```jsx
import { useState } from "react"; ←--------追加
import { ColoredMessage } from "./components/ColoredMessage";

export const App = () => {
  // State の定義
  const [num, setNum] = useState(0); ←------追加

  // ボタンを押した時に State をカウントアップ
  const onClickButton = () => {
    alert(); ←-----------------------------削除
    setNum(num + 1); ←---------------------追加
  };

  return (
    <>
      <h1 style={{ color: "red" }}>こんにちは！</h1>
      <ColoredMessage color="blue">お元気ですか？</ColoredMessage>
      <ColoredMessage color="pink">元気です！</ColoredMessage>
      <button onClick={onClickButton}>ボタン</button>
      <p>{num}</p> ←----------------------追加
    </>
  );
};
```

上記のプログラムの初期表示は図 4-h　初期表示のようになります。また、ボタンを 5 回押下した際には、図 4-i　5 回押下後のようになります。

図 4-h　初期表示

こんにちは！

お元気ですか？

元気です！

ボタン

0

図 4-i　5 回押下後

こんにちは！

お元気ですか？

元気です！

ボタン

5

　ボタン押下時に setNum 関数で State の値を +1 しているので、画面に表示した State の値がカウントアップされています。

　非常にシンプルな例ですが、State の基本的な使い方としてはこれだけです。今回のような数値以外にも JavaScript で変数として扱う「文字列」「真偽値（true/false）」「配列」「オブジェクト」等何でも State として管理できます。

　もっと掘り下げた具体的な State の使い方は後続の章で順次紹介していきたいと思います。

4

教えて
先輩！　　useState の更新関数内で関数？？

 さっきの例では `setNum(num + 1)` みたいに書いてカウントアップを実装したけど厳密には正しくないんだよね

 ちゃんと動いてたけどダメなんすか??

 『厳密には』ね。今の State の値に基づいて State を更新する時は set 関数内で関数を指定すると良いんだよ。例えばさっきと同じ処理を書くとこんな感じ！

set 関数内で関数を指定

```
setNum((prev) => prev + 1);
```

 カッコ内に関数を書くと、その関数の引数に『更新直前のその State の値』が渡されるから、その値に 1 を足すことで同じことが実現できるね。もとの書き方との動作の違いが気になる人は set 関数を呼ぶ処理を 2 行続けて書いてみて動作の違いを確認してみてね！

ここまで Props と State を解説してきました。React 開発のスタートライン
に立つためには、これらに加えて再レンダリングと副作用について知る必要があ
ります。コードを見ながら解説していきます。

再レンダリング

ボタンを押して State をカウントアップした時、画面をリロードしているわ
けでもないのに数値が変わって画面の表示が変更されたかと思います。これは**コ
ンポーネントが再レンダリング**されているためです。

試しに関数コンポーネントの中でコンソール出力処理を記述し、カウントアッ
プを動かしてみます。

コンソール出力処理の記述　　　　　　　　　　　　　　　　　　　　　▎App.jsx

```
// …省略
export const App = () => {
  console.log(" レンダリング ");  ←----------追加

  const [num, setNum] = useState(0);

  // …省略
};
```

最初に画面を表示した際に**レンダリング**とコンソールに出力され、カウント
アップする度に**レンダリング**が追加で出力されると思います。

このように State が更新された時に関数コンポーネントは再び頭から処理が
実行され、また State が更新されたらまた頭から…とグルグル回りながら差分
がある DOM を検知し、変更を反映して画面を表示しているのです。

この「変更を検知してコンポーネントを再処理」することを**再レンダリング**と
呼びます。

Point

ちなみに毎回コンポーネントを頭から実行すると言っても初回のレンダリング

> （コンポーネントのマウント）時と再レンダリング時は異なり、useStateのカッコで設定する初期値はマウント時だけなので毎回初期化されることはありません。

再レンダリングされる条件は今回のように「State が変更された時」とそれ以外にもいくつかありますが、詳細は「6. 再レンダリングの仕組みと最適化」（P.155）で解説します。

まずは「State 更新時にコンポーネントが再レンダリングされ、関数コンポーネントが再度頭から実行される」ということを覚えておきましょう。

副作用と useEffect

では続いて React Hooks の機能群の１つである **useEffect** について解説していきます。useEffect はコンポーネントの副作用を制御する機能です。

useState と同様に React から import します。

書式 useEffect の初期値の設定方法

```
import { useEffect } from "react";
```

そして以下の構文で使用します。

書式 useEffect の宣言

```
useEffect( 実行する関数 , [ 依存する値 ]);
```

これだけだと何のことやらだと思います。文章で表現するなら useEffect の役割は**「ある値が変わった時に限り、ある処理を実行する」**機能になります。

例えば **num** という State の値が変わった時のみにアラートを表示したい場合は、以下のように書きます。

例：State の値が変わった時のみにアラートを表示する

```
export const App = () => {

  useEffect(() => {
    alert();
  }, [num]);
```

```
    return (
      {/* 省略 */}
    );
  };
```

　第1引数にはアロー関数で処理を記述し、第2引数は必ず配列で指定します。複数指定する場合は [num，num2] のように書きます。

　注意点として、**useEffect** は依存配列に指定している値が変わった時に加え、コンポーネントのマウント時（一番最初）にも必ず実行されます。

　そのため、useEffect の第2引数に [] を設定すると、「コンポーネントを表示した初回のみ実行するような処理」を記述できます。

　なぜこのような機能があるかというと、前述したようにコンポーネントは**再レンダリングを何度も繰り返しています**。State の数が多くなってくると再レンダリングの回数も増えてきて、「再レンダリングの度にこの処理を実行するのはコスト（時間）が無駄にかかるからこの値が変わった時だけにしたいな」という場面が多々あるためです。こういった副作用を制御したいケースで useEffect を使っていきましょう。

Point

2022年3月にリリースされた React v18.0.0 から将来的に追加される機能を見据え、StrictMode を使用しており且つ開発時のみコンポーネント表示時にマウントが2度実行されるようになったので注意。

4-8　export の種類

　最後に補足的な解説として export の種類について解説したいと思います。これまで扱ってきたような export（一般的に **named export** と呼ばれる）は以下のように使用してきました。

書式　export 側（named export）

```
export const SomeComponent = () => {};
```

```
import { SomeComponent } from "./SomeComponent";
```

この named export 以外にも default export というものも存在します。default export の場合は以下のように使用します。

書式 export 側（default export）

```
const SomeComponent = () => {};
export default SomeComponent;
```

書式 import 側（default export）

```
import SomeComponent from "./SomeComponent";
```

export 側は **export default** ~ という形で指定し、import 側は **{}** は必要なく、任意の名前をつけて import できるようになります。

オブジェクトの分割代入をイメージすると分かりやすいと思いますが、named export の場合は import で指定したファイル内に一致する名称の export 対象が存在しないとそもそもエラーとなります。

書式 export 側（named export エラー）

```
export const SomeComponent = () => {};
```

書式 import 側（named export エラー）

```
// 名称が異なるのでエラーとなる
import { Some } from "./SomeComponent";
```

一方 default export の場合は import 時に任意の名称をつけることができます。また、**1つのファイルで1回しか使えません**。なのでそのファイルの内容を全てまとめて export するような時に使います。

書式 export 側（default export）

```
const SomeComponent = () => {};
export default SomeComponent;
```

4

```
// これはエラーにならない
import Some from "./SomeComponent";
```

どちらを使っても良いのですが、基本的に React のコンポーネントでは named export を使用するようにすると良いでしょう。理由は上記のように import 時に名称を打ち間違えてしまっても気付けなかったり、意図しないものを import する可能性があるためです。

ちなみに named import で名称を変えて扱いたい場合は、以下のように as を使用して別名をつけることもできます。

 例：as

```
// Some という名前でコンポーネントを使用できる
import { SomeComponent as Some } from "./SomeComponent";
```

export はコンポーネントだけでなく、通常の関数や変数などにも使うことになるので、上記のルールを把握して使用するようにしましょう。

 まとめ

- ▶ React（JSX）のルール
  - ・return 以降は 1 つのタグで囲もう
  - ・イベントやスタイルはキャメルケースになる
  - ・return 以降に JavaScript を書く時は { } を使おう
- ▶ 関数で「コンポーネント」を作って組み合わせて画面を作ろう
- ▶ コンポーネントに渡す引数のような値を Props と呼ぶ
- ▶ コンポーネントが持つ様々な状態を State と呼ぶ
- ▶ 再レンダリングするとコンポーネントの頭から再度コードが動く
- ▶ まずは 2 つの React Hooks を覚えよう
  - ・useState
  - ・useEffect
- ▶ export の 2 種類の違いを把握しよう

React と CSS

React 開発における CSS の適用方法
は、前章で紹介したスタイルオブジェク
ト以外にも選択肢が多くあります。それ
ぞれの特徴や使い方を知り最適な選択を
できるようにしていきましょう。

React の基本を学んだ僕と後藤君はお互い何度も確認しながら復習していた。

えーっと...この値は変わる状態だから State で定義して...更新する処理は...

先輩ここ違うっすよ！　タグ内で JavaScript 書く時は波カッコで囲まないと今ただの文字列になってます！

あ、ほんとだ...後藤君も marginTop じゃなくて margin-top になっちゃってるよ

あーーだからか！！　なんかスタイル効かないと思ってたんすよ！先輩さすがっす！

相変わらず元気で馴れ馴れしいこの後輩の扱いもだいぶ慣れてきていた。

でも本当にこれで大規模な Web アプリとか作れるんすかね？？

ん、どういうこと？

だって実際の Web アプリってもっと色んなコンポーネントに分かれて複雑な CSS をあてることになるんですよね？

まぁそうなるだろうね

ちょっとのスタイルあてるだけでもオブジェクトで CSS 書くのめんど...大変ですし、例えば既存システムからのリプレイスとかでもともとの css ファイルがあったとしても全部 js ファイルに持ってきてキャメルケースに変換しないといけないんすね

ん〜 React はそういうもんなんじゃないかな〜〜

確かにそうだ、これまでの開発とお作法が違いすぎて CSS を主に作成してくれるデザイン担当の方と協業するイメージはできない。正解が分からないまま 2 人で考えていると満足そうな笑みを浮かべながら女神がやってきた。

 お、やってるね！ React はどうかな。何かここまでで悩んでることとかはある？

僕たちはちょうど今話していた「CSS 問題」について相談した。

 なるほどなるほど。良い疑問点だね。混乱するからあえて先には伝えてなかったんだけど React での CSS のあてかたはもっと色々あるんだよね。それぞれ特徴があって **JavaScript ファイルの中で普通の CSS の書き方ができる** ものもあるんだよ

 色々ってあと 2 種類くらいですか？

 ん〜細かいライブラリを入れると数えきれないくらい。主要なパターンでも 5、6 種類くらいはあるかな！

 え...そんなに...これがメジャーとかはないんですか？

 けっこう会社とかプロジェクトによるんだよね〜これが。私はいつつも「CSS どうするか問題」って呼んでるんだけど。だからまず君たちには選択肢を増やすために主要な CSS のあてかたを一通り知ってもらおうと思ってます

CSS1 つとってもあてかたや派閥が色々あったりするらしい。ちょっと面倒臭いと思いつつも React のマスターには避けて通れない道らしいので気合いを入れて取り組むことにした。

まずは復習としてこれまで扱ってきた CSS の適用方法を再度確認しましょう。一般的に以下の CSS の記述は **Inline Styles（インラインスタイル）** と呼ばれます。JavaScript のオブジェクトの形で CSS のプロパティと値を指定し、タグの `style` に設定することでスタイルを適用できるものです。

📺 **例：直接記述する例**

```
return (
  <div style={{ width: "100%", padding: "16px" }}>
    <p style={{ color: "blue", textAlign: "center" }}>Hello
World!!</p>
  </div>
)
```

📺 **例：事前定義してから指定する例**

```
const containerStyle = {
  width: "100%",
  padding: "16px",
};
const textStyle = {
  color: "blue",
  textAlign: "center",
};

return (
  <div style={containerStyle}>
    <p style={textStyle}>Hello World!!</p>
  </div>
)
```

インラインスタイルの注意点としては以下になります。

- プロパティ名はキャメルケースにする

  例 `text-align` → `textAlign`
- 値は文字列 or 数値

  例 `color: "blue"`、`margin: 0`

- 煩雑になりやすいので使いすぎない

　インラインスタイルだけでアプリを作るのは不可能ではないですが難しいので基本的には以降で解説するスタイリング方法のいずれかを使っていくことになります。

5-2　CSS Modules

　まずは CSS Modules について解説していきます。

　これは従来の Web 開発と同様に `.css` や `.scss` ファイルを定義していく方法なので、デザイナーの方と一緒に進めていく場合などは有力な選択肢となります。1 点異なるのは、React 開発の場合はコンポーネント毎に CSS ファイルを用意することが多いことです。

事前準備

　では、実際にコードで見ていきましょう。まず `CssModules.jsx` という名前のコンポーネントを作成しましょう。

事前準備　　　　　　　　　　　　　　　　　　　　　| CssModules.jsx

```
export const CssModules = () => {
  return (
    <div>
      <p>CSS Modules です </p>
      <button> ボタン </button>
    </div>
  );
};
```

　このまま表示すると特にスタイルをあてていないので以下(図 5-a)のようになります。

図 5-a　スタイル適用前

次に必要なモジュールを追加します。今回は .scss の形式で記述したいのでそれに必要な sass を NPM からインストールします。

■ CodeSandbox の場合

メニューの Dependencies に **sass** と入力、選択しインストールします。

図 5-b.CodeSandbox で sass をインストール

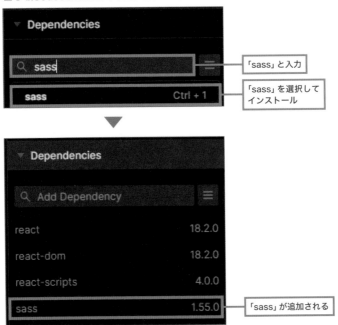

■ npm／yarn の場合

npm もしくは、yarn の場合は、以下のコマンドをそれぞれ実行します。

▼ sass のインストール（npm）

```
npm install sass
```

▼ sass のインストール（yarn）

```
yarn add sass
```

これで事前準備は完了しました。

CSS Modules の使用

コンポーネントと対になる形で CSS ファイルを作成します。今回は `.scss` で作成しますが勿論 `.css` でも可能です。この時ファイル名 `.module.scss` という名称にする必要があるので注意してください。

以下のように 3 つのクラスを持つ SCSS ファイルを定義します。

SCSS ファイルの定義　　　　　　　　　　　　　　　❙ CssModules.module.scss

```scss
.container {
  border: solid 1px #aaa;
  border-radius: 20px;
  padding: 8px;
  margin: 8px;
  display: flex;
  justify-content: space-around;
  align-items: center;
}
.title {
  margin: 0;
  color: #aaa;
}
.button {
  background-color: #ddd;
  border: none;
  padding: 8px;
  border-radius: 8px;
  &:hover {
    background-color: #aaa;
    color: #fff;
    cursor: pointer;
  }
}
```

5

定義しているスタイルは色や余白の調整と、テキストとボタンを横並びにするためのものです。また、**scss** の記法が使えるので **&:hover** でボタンにマウスを重ねた時に色とマウスポインタの変化も行っています。

これらのクラスを使用するコンポーネント側は以下のようになります。

クラスを使用するコンポーネント　　　　　　　　　　　　**▌**CssModules.jsx

```jsx
import classes from "./CssModules.module.scss";

export const CssModules = () => {
  return (
    <div className={classes.container}>
      <p className={classes.title}>CSS Modules です </p>
      <button className={classes.button}> ボタン </button>
    </div>
  );
};
```

任意の名前(ここでは **classes**)で CSS を import し、各タグの **className** 属性に定義したクラスを指定することで以下(図 5-c)のようにスタイルを適用できます。

図 5-c　**スタイル適用後**

また、ホバー時のスタイルも以下(図 5-d)のようにしっかり反映されています。

図 5-d　**ホバー時**

このように従来の Web 開発と比較的近い感覚で CSS を適用できるのが CSS Modules の利点です。また、CSS クラス名のスコープはコンポーネント毎に閉じられるので、例えば他のコンポーネントで **container** という同じ名前のクラス名を定義しても競合しない(React が一意になるように出力するクラス名に

プレフィックスを付与してくれる）ので命名の心配もいりません。

5-3 Styled JSX

続いては Styled JSX について解説していきます。

Styled JSX は積極的に採用しているチームはあまり見ませんが、React のフレームワークとして有名な **Next.js に標準で組み込まれている**ライブラリなので紹介しておきます。

CSS-in-JS と呼ばれる、コンポーネントファイルに CSS の記述をしていくライブラリとなります。

事前準備

ではまずは先ほどと同様に `StyledJsx.jsx` という名前のコンポーネントを作成します。

事前準備　　　　　　　　　　　　　　　　　　　　　　　　　　┃ StyledJsx.jsx

```
export const StyledJsx = () => {
  return (
    <div>
      <p>Styled JSX です </p>
      <button> ボタン </button>
    </div>
  );
};
```

次に必要なモジュールを追加します。Styled JSX を使うのに必要な **styled-jsx** を NPM からインストールします。

■ CodeSandbox の場合

メニューの Dependencies に **styled-jsx** と入力、選択しインストールします。

図 5-e　CodeSandbox で styled-jsx をインストール

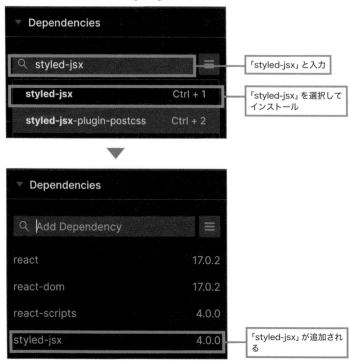

■ npm／yarn の場合

npm もしくは、yarn の場合は、以下のコマンドをそれぞれ実行します。

▼ styled-jsx のインストール（npm）
```
npm install styled-jsx
```

▼ styled-jsx のインストール（yarn）
```
yarn add styled-jsx
```

これで事前準備は完了しました。

Styled JSX の使用

Styled JSX の場合、コンポーネント内に CSS の記述をしていきます。さっそく先ほどと同じ CSS を Styled JSX で適用したコードを見てみましょう。

CSS を Styled JSX で適用したコード

```jsx
export const StyledJsx = () => {
  return (
    <>
      <div className="container">
        <p className="title">Styled JSX です </p>
        <button className="button"> ボタン </button>
      </div>

      <style jsx>{`
        .container {
          border: solid 1px #aaa;
          border-radius: 20px;
          padding: 8px;
          margin: 8px;
          display: flex;
          justify-content: space-around;
          align-items: center;
        }
        .title {
          margin: 0;
          color: #aaa;
        }
        .button {
          background-color: #ddd;
          border: none;
          padding: 8px;
          border-radius: 8px;
        }
      `}</style>
    </>
  );
};
```

5

以下（図 5-f）のようにスタイルが適用されていることを確認しましょう。

図 5-f　**スタイル適用後**

Styled JSX はコンポーネント内で style タグを使用し、その中に CSS を記述していきます。

書式 style タグの使用法

```
<style jsx>{`
  /* ここに CSS を書く */
`}</style>
```

style タグには **jsx の記述が必要**なので注意しましょう。そして JSX 記法では **return 以降を 1 つのタグでまとめないとエラーになる**ので 1 番外側をフラグメント <></> で囲んでいます。

さらに button クラスに hover の指定がないことにお気付きでしょうか。Styled JSX 記法はデフォルトでは **SCSS 記法は使用できない**ので注意が必要です。（使う場合は別途ライブラリのインストール、設定が必要になります）

これらを踏まえると、Styled JSX はプレーンな React プロジェクトにわざわざ入れて使うというよりも、Next.js で作成したプロジェクトでとりあえず CSS-in-JS を使う場合に最適かと思います。

教えて
先輩！　　　Next.js って ??

 Next.js は今最も人気で勢いのあるフロントエンドのフレームワークだよ。Next を作ってる Vercel って会社は今世界のフロントエンドを牽引していると言っても過言じゃないね！React 製だから React でプロジェクトを始める時はまず Next を使うかどうかを決める感じかな

 Next を使うと何が良いんですか？

 色々あるんだけど、ルーティング（画面遷移処理）が簡単にできたり、デフォルトでパフォーマンス面が色々最適化されてたり、SSR(Server Side Rendering：サーバーサイドレンダリング) とか SG (Static Generation：スタティックジェネレーション) とか最近だと ISR (Incremental Static Regeneration：インクリメンタルスタティックリジェネレーション) とかも使えるようになって高機能な感じだねー！

 エスエス...??　え ??

まぁまぁ今はまず React だけに集中して、ある程度理解してから
Next に取り組むと違いも分かって良いと思うよ！

本書では残念ながら Next.js まで扱うことはできませんが、React をある程度
把握したら是非 Next.js にも取り組んでみてください。

5-4 styled components

　続いては styled components について解説していきます。styled
components は根強い人気を誇るライブラリで、採用しているプロジェクトも
多いです。特徴的なのは**スタイルをあてたコンポーネントを定義する**という点で
す。

　こちらも CSS-in-JS と呼ばれるコンポーネントファイルに CSS の記述をして
いくライブラリとなります。

事前準備

　では、まずは同様に `StyledComponents.jsx` という名前のコンポーネン
トを作成します。

事前準備　　　　　　　　　　　　　　　　　　　　　| StyledComponents.jsx

```
export const StyledComponents = () => {
  return (
    <div>
      <p>styled components です </p>
      <button> ボタン </button>
    </div>
  );
};
```

　次に必要なモジュールを追加します。styled components を使うのに必要な
`styled-components` を NPM からインストールしてきます。

■ CodeSandbox の場合

メニューの Dependencies に `styled-components` と入力、選択しインストールします。

図 5-g **CodeSandbox で styled-components をインストール**

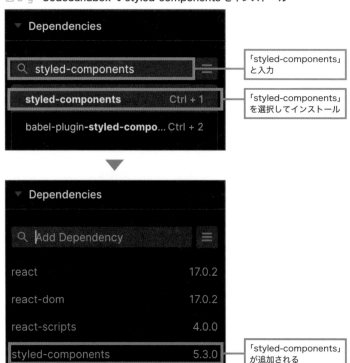

■ npm／yarn の場合

npm もしくは yarn の場合は、以下のコマンドをそれぞれ実行します。

▼ styled-components のインストール（npm）
```
npm install styled-components
```

▼ styled-components のインストール（yarn）
```
yarn add styled-components
```

これで事前準備は完了しました。

styled components の使用

styled components の場合、コンポーネント内に CSS の記述をしていきます。ただ、これまでと違い `className` にクラスを指定するのではなく**スタイルを適用したコンポーネントを定義する**という方法になります。

例えば padding を設定した div タグを使いたい場合は、以下の例のように定義します。

📺 例：div タグ

```
import styled from "styled-components";

const StyledDiv = styled.div`
  padding: "8px";
`;
```

そして上記のように定義することで、通常の div タグと同様に以下のように使用することができます。

📺 例：StyledDiv の使用例

```
<StyledDiv>
  <p> このように使える </p>
</StyledDiv>
```

`styled.` のあとに HTML に存在する各タグを指定することでそのタグを拡張した形でスタイルを適用していくことができます。そのあとはバッククォートで囲み、Styled JSX と同じように通常の CSS と同じ記述をしていきます。

ではこれまでと同じようにスタイルを適用して違いを確認しましょう。

スタイルを適用　　　　　　　　　　　　　　　　　　　| StyledComponents.jsx

```
import styled from "styled-components";

export const StyledComponents = () => {
  return (
    <SContainer>
      <STitle>styled components です </STitle>
      <SButton> ボタン </SButton>
    </SContainer>
```

```
  );
};

const SContainer = styled.div`
  border: solid 1px #aaa;
  border-radius: 20px;
  padding: 8px;
  margin: 8px;
  display: flex;
  justify-content: space-around;
  align-items: center;
`;
const STitle = styled.p`
  margin: 0;
  color: #aaa;
`;
const SButton = styled.button`
  background-color: #ddd;
  border: none;
  padding: 8px;
  border-radius: 8px;
  &:hover {
    background-color: #aaa;
    color: #fff;
    cursor: pointer;
  }
`;
```

以下（図 5-h）のようにスタイルが適用されていることを確認しましょう。

図 5-h　スタイル適用後

　SContainer のような名称は通常のコンポーネントと同様、大文字から始まる形であれば任意につけることができます。ここで先頭に大文字の S（Styled の S）を付与しているのは、あとから見た時に **「styled components で作成したコンポーネントなのか、それ以外の外部ライブラリや他のコンポーネントなのか」** が一目で分かるようにするためです。

特にルールがあるわけではないですが、プロジェクトによって命名規則のルール等を設けてチームメンバー間で共通認識を持っておくと良いでしょう。

styled components の場合は**SCSS 記法がそのまま使える**ので既存の CSS ファイルを使用したシステムから CSS-in-JS への移行も比較的スムーズに行うことができるのがメリットです。

5-5 Emotion

続いては Emotion について解説していきます。Emotion も styled components と並び根強い人気を誇る CSS-in-JS ライブラリで、こちらも採用しているプロジェクトも多いです。特徴的なのは**幅広い使い方が用意されている**という点です。ここまでで紹介してきた以下の全てに似たような書き方が用意されています。

- Inline Styles
- Styled JSX
- styled components

事前準備

では、まずはこれまでと同様に Emotion.jsx という名前のコンポーネントを作成します。

事前準備 | Emotion.jsx

```
export const Emotion = () => {
  return (
    <div>
      <p>Emotion です </p>
      <button> ボタン </button>
    </div>
  );
};
```

次に必要なモジュールを追加します。React で Emotion を使うのに必要な `@emotion/react` と Emotion で **styled components** のような記述ができる `@emotion/styled` を NPM からインストールします。

■ CodeSandbox の場合

　メニューの Dependencies に `@emotion/react`（図 5-i）、`@emotion/styled`（図 5-j）と入力、選択しインストールします。

図 5-i　CodeSandbox で @emotion/react をインストール

「@emotion/react」と
入力

「@emotion/react」を
選択してインストール

「@emotion/react」が
追加される

図 5-j　CodeSandbox で @emotion/styled をインストール

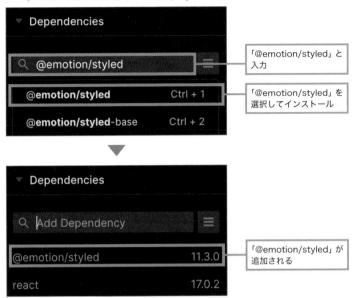

■ npm／yarn の場合

npm もしくは yarn の場合は、以下のコマンドをそれぞれ実行します。

▼ @emotion/react と @emotion styled のインストール（npm）
```
npm install @emotion/react @emotion/styled
```

▼ @emotion react と @emotion/styled のインストール（yarn）
```
yarn add @emotion/react @emotion/styled
```

これで事前準備は完了しました。

Emotion の使用

Emotion は様々な使い方ができるのが特徴です。順番にスタイルを適用しながら確認してみましょう。

ちなみに Emotion を使用する場合、お決まりのルールで以下の記述が必要です。

```
/** @jsxImportSource @emotion/react */
import { jsx } from "@emotion/react";
```

まずは Styled JSX のようにコンポーネントファイルの中に CSS を書く方法
です。違いは Emotion に用意されている **CSS** を用いることです。

div タグに対してスタイルを適用してみましょう。

コンポーネントファイルの中に CSS を書く方法 | Emotion.jsx

```jsx
/** @jsxImportSource @emotion/react */
import { jsx, css } from "@emotion/react";

export const Emotion = () => {
  // scss の書き方がそのまま可能な書き方
  const containerStyle = css`
    border: solid 1px #aaa;
    border-radius: 20px;
    padding: 8px;
    margin: 8px;
    display: flex;
    justify-content: space-around;
    align-items: center;
  `;

  return (
    <div css={containerStyle}>
      <p>Emotion です </p>
      <button> ボタン </button>
    </div>
  );
};
```

@emotion/react から **css** を import し、スタイル変数の定義時とタグの
中にも使用し指定することで CSS を適用していく方法です。SCSS 記法も問題
なく使用できます。

次に、Inline Styles のように JavaScript のオブジェクトでスタイルを定義す
る例です。p タグに対して適用してみましょう。

JavaScript のオブジェクトでスタイルを定義する方法　　　　▌Emotion.jsx

```jsx
/** @jsxImportSource @emotion/react */
import { jsx, css } from "@emotion/react";

export const Emotion = () => {
  // scss の書き方がそのまま可能な書き方
  const containerStyle = css`
    border: solid 1px #aaa;
    border-radius: 20px;
    padding: 8px;
    margin: 8px;
    display: flex;
    justify-content: space-around;
    align-items: center;
  `;

  // インラインスタイルの書き方
  const titleStyle = css({
    margin: 0,
    color: "#aaa"
  });

  return (
    <div css={containerStyle}>
      <p css={titleStyle}>Emotion です </p>
      <button> ボタン </button>
    </div>
  );
};
```

5

　CSS を用いるのは同じですが、（{}）とすることでその中にオブジェクトを書いていく方法です。こちらは Inline Styles と同様キャメルケースや文字列で値を書くことに注意してください。

　最後に styled components のような書き方をする例です。こちらは別パッケージになっている @emotion/styled を使用していきます。button タグに対して適用してみましょう。

styled components のような書き方をする方法　　　　▌Emotion.jsx

```jsx
/** @jsxImportSource @emotion/react */
```

```jsx
import { jsx, css } from "@emotion/react";
import styled from "@emotion/styled";

export const Emotion = () => {
  // scss の書き方がそのまま可能な書き方
  const containerStyle = css`
    border: solid 1px #aaa;
    border-radius: 20px;
    padding: 8px;
    margin: 8px;
    display: flex;
    justify-content: space-around;
    align-items: center;
  `;

  // インラインスタイルの書き方
  const titleStyle = css({
    margin: 0,
    color: "#aaa"
  });

  return (
    <div css={containerStyle}>
      <p css={titleStyle}>Emotion です </p>
      <SButton> ボタン </SButton>
    </div>
  );
};

// styled-components の書き方
const SButton = styled.button`
  background-color: #ddd;
  border: none;
  padding: 8px;
  border-radius: 8px;
  &:hover {
    background-color: #aaa;
    color: #fff;
    cursor: pointer;
  }
`;
```

使い方は styled components と全く同じです。ここまでで以下（図 5-k）のようにスタイルが適用されていることを確認しましょう。

図 5-k　**スタイル適用後**

このように Emotion は幅広い使い方が可能なので**まだチームとしてのベストプラクティスが見つかってない**時など、模索しながら色々試していきたい時は良い選択肢となるかと思います。

ただルールを決めずに運用してしまうと各々好きな書き方をしてしまい、保守性が低下してしまうので気をつけましょう。

 Storybook って何？？

 今回は Storybook の紹介だよ！

 ストーリーブック？？本っすか？？

 あれですよね。コンポーネントのカタログみたいな感じのやつ！

 そうそう。フロントエンドでどんなコンポーネントがあってどんな見た目になるのかって画面に表示してみないと分からないよね。それを可視化できるのが Storybook だよ！ほらこんな感じでコンポーネントの一覧が見れるからチームで認識合わせやすくなるよね

 おーー！これはかなり便利そうっすね！！

5-6 Tailwind CSS

　近年非常に人気が出てきており世界中でユーザーの多い CSS フレームワーク
が Tailwind CSS です。Tailwind CSS はユーティリティファーストなフレーム
ワークです。どういうことかというと、Tailwind CSS が提供するのは「`flex`、
`text-center`」などの className に設定することができるクラス名のパーツ
のみで開発者はそれを組み合わせて使うというものです。

　React だけでなく、通常の HTML や Vue などにも使用することができます。
「百聞は一見に如かず」なので使い方を見ていきましょう。

事前準備

　ではまずはこれまでと同様に `TailwindCss.jsx` という名前のコンポーネ
ントを作成します。

事前準備　　　　　　　　　　　　　　　　　　　　　　　**▌**TailwindCss.jsx

```jsx
export const TailwindCss = () => {
  return (
    <div>
      <p>Tailwind CSS です </p>
      <button> ボタン </button>
    </div>
  );
};
```

　次に必要なモジュールを追加します。React で Tailwind CSS を使うのに必要
なものを NPM からインストールします。
　Tailwind CSS の設定は環境に応じて適宜行う必要があります。ここでは
Create React App で作成したアプリケーションの例で解説します。環境毎のイ
ンストール手順は以下 Tailwind CSS 公式サイトに掲載されています。

　サイト　Tailwind CSS
　`URL`　https://tailwindcss.com/docs/installation

■ **開発環境に必要なものをインストール**

npm もしくは yarn の場合は、以下のコマンドをそれぞれ実行します。

▼ npm でインストール
```
npm install -D tailwindcss
```

▼ yarn でインストール
```
yarn add -D tailwindcss
```

■ **tailwind.config.js の作成**

以下のコマンドをプロジェクトルートパスで実行します。

▼ 設定ファイルの追加 (tailwind.config.js の作成)
```
npx tailwindcss init
```

するとプロジェクトルートに **tailwind.config.js** というファイルが生成されます。

生成されたファイル | tailwind.config.js

```
/** @type {import('tailwindcss').Config} */
module.exports = {
  content: [],
  theme: {
    extend: {},
  },
  plugins: [],
}
```

tailwind.config.js の content には対象とするファイルを設定する必要があるので以下のように設定しておきます。

生成されたファイル | tailwind.config.js

```
/** @type {import('tailwindcss').Config} */
module.exports = {
  content: [
    "./src/**/*.{js,jsx,ts,tsx}", ←------追加
  ],
  theme: {
```

149

```
    extend: {},
  },
  plugins: [],
}
```

■ index.css の修正

Tailwind CSS を使えるように index.css に以下の 3 行を追加します。

設定ファイルの修正（index.css の作成）　　　　　　　　　　　│ index.css

```
@tailwind base;
@tailwind components;    ----------追加
@tailwind utilities;

/* 省略 */
```

これで事前準備は完了しました。

Tailwind CSS の使用

セットアップが少し手間でしたが1度設定してしまえば後は使っていくだけです。ここでは全ての機能に触れることはできませんが、テーマのカスタマイズ、ダークモードの対応、アニメーション等々少ない労力で実現できるのでおすすめです。

Tailwind CSS の使い方としては、各タグの `className` 属性に自分で定義したクラス名を設定する要領で Tailwind CSS が用意しているクラス名を指定するだけです。

ではこれまでと同じように Tailwind CSS で実装した例を見てみましょう。

Tailwind CSS で実装による実装　　　　　　　　　　　　　　　┃ TailwindCss.jsx

```jsx
export const TailwindCss = () => {
  return (
    <div className="border border-gray-400 rounded-2xl p-2 m-2
flex justify-around items-center">
      <p className="m-0 text-gray-400">Tailwind CSS です </p>
      <button className="bg-gray-300 border-0 p-2 rounded-md
hover:bg-gray-400 hover:text-white"> ボタン </button>
    </div>
  );
};
```

className は長くなりますが、これまでと違い変更箇所が className 内だけで完結しているのが分かるかと思います。

念のため以下のようにスタイルが適用されていることを確認しましょう。色等カラーコードで指定している訳ではないので完全に一致はしませんが、ほとんど同じものができています。

図 5-l　**スタイル適用後**

図 5-m　**ホバー時**

慣れるまではクラス名を指定するために公式サイトやチートシートを参照する必要がありますが、慣れてしまえばスピードが出るので CSS をガッツリ書くデザイナーさんがいないようなチームでは選択肢の 1 つになるかと思います。

また、よく言われる Tailwind CSS のメリットとして**「命名に悩まなくて良い」**というのがあります。CSS のクラス名や styled components のスタイルを付与したコンポーネントのように「どういう名前をつけようか」という思考がなくなるのでチーム内でルールを統一するといった面倒も生まれないのです。

教えて
先輩！ コンポーネントは 1 から作らない？？

 先輩！　CSS のあてかたは何となく分かってきたんすけど、自分 CSS けっこう苦手でお洒落な見た目にするのけっこう苦労しそうっす…

 あーそれは大丈夫だよ。実際の現場でもホントに 0 からスタイリングすることは少なくて、大体コンポーネントライブラリを使ったりするからね！

 コンポーネントライブラリ…それ使うとどうなるんすか？？

 あらかじめ用意されたお洒落なボタン、モーダルウィンドウ、メッセージ、メニューバーとか色々あるからそれを使っていくだけである程度整ったリッチな UI を作ることができるんだよ

 へぇ〜それはめっちゃ自分向きっぽいっす！！　どのコンポーネントライブラリがオススメっすか？？

 いっぱい種類があるから何ともだけど、Tailwind 製の Headless UI、あとは Chakra UI とか MUI とか Mantine なんかも使ったりしたかな〜。どんなコンポーネントがあるのか、カスタマイズのしやすさはどうか、あとは純粋に見た目がプロジェクトに合うかどうかで選ぶと良いよ！

 選ぶの楽しそうっすね！　他のコンポーネントライブラリも調べてみます！！

まとめ

▹ CSS のあてかたはプロジェクトやチームによって様々なので選択肢を持っておこう

▹ CSS ファイルを分離するなら CSS Modules を使おう

▹ CSS-in-JS でいくなら styled components か Emotion の採用事例が多い

▹ Tailwind CSS をはじめとするユーティリティファーストな CSS フレームワークの人気が出てきている

再レンダリングの仕組みと
最適化

React アプリケーションはコンポーネ
ントが再レンダリングを繰り返すことで
成り立っています。この章では、その仕
組みと最適化の方法を学び、規模の大き
なシステムにも対応できるようにしてい
きましょう！

ある日出社すると先岡さんが課長に呼ばれてデスクの前で何やら話していた。課長は営業出身で、プログラミングのことは全く分からないけどいつも無茶振りをしてくることで有名らしく、あまり良い話を聞いたことはない。この課は先岡さんの尽力で成り立っている。

課長（かちょう）

営業あがりの IT に疎い課長
いつも無茶振りをしてくること
で有名。課員からはあまり良く
思われてないらしい。口癖は
「できるできる！」

 先岡くん！　この前お客さんからクレームきてたあれ！バッチリだったよ〜！先方も満足してたよ！

 それは良かったです。当初お話聞いてたよりもデータ量が多くなっていたのでチェックの観点が漏れていたみたいです

 やっぱほら、動作が遅いと業務員の方とかはイライラするからね〜

 そうですね。私もチェックできていなかったのでドキュメント化して他のシステムでも同じことが起きないように共有しようと思います

 先岡に任せとけば全部のアプリケーション倍くらい速くなったりしてな！

 いや一倍はちょっと...（笑）

頑張れ頑張れー！　できるできる！

いつもの口癖を聞いたところで先岡さんが自席に戻ってきた。

 先岡さん。さっきって何を話されてたんですか？

話を聞くとどうやら以前納品したシステムで「画面操作の時に動きが重たくなってきた」というクレームがあったらしく先岡さんが対応して改善したらしい。

 タイミング的にもちょうど良いから、2人にもこのタイミングで再レンダリングの制御について勉強してもらおうかな！

 State が変わったらコンポーネントが頭からまた実行されて変更が反映されるやつっすよね！

 そう。ただ **State が変わった時以外にも再レンダリングされる**ことはあって、あえて**再レンダリングさせないことで画面操作のパフォーマンスを上げる**こともできるんだよ

 再レンダリングのことを何も考えずにアプリを作ってしまうと今回みたいにもっさりした動作になってしまったりするってことですか？

 そうだね。小規模なアプリだと気付かなかったりするんだけど中規模大規模なアプリになってくると絶対知っとかないといけないね

これまでは書いたものが画面に表示されることや書き方のルールに必死だったけれど、どうやらフロントエンドエンジニアにもパフォーマンス改善の知見は必須らしい。その中でもまずは React コンポーネントの再レンダリング制御が大切らしいので勉強することになった。

再レンダリングが起きる条件

React で再レンダリングを的確に制御するためには**どんな時に再レンダリングが起きるのか**を知っておくことが重要です。再レンダリングを最適化するための機能をこれから紹介していきますが、「今どのパターンに対して最適化をしようとしているか」を意識しながら取り組むようにしましょう。

再レンダリングが起きる３つのパターン

再レンダリングが起きるのは以下の３つのパターンです。

■ 再レンダリングが起きる条件

1. State が更新されたコンポーネント
2. Props が変更されたコンポーネント
3. 再レンダリングされたコンポーネント配下のコンポーネント全て

１と２に関してはイメージしやすいかと思います。１について、State はコンポーネントの状態を表す変数なので、更新された時に再レンダリングされないと画面の表示を正しく保つことができません。これまで見てきたようにカウントアップの関数を実行して State を更新したら、画面に更新した値がリアルタイムで反映されるのは State の更新によってコンポーネントが再レンダリングされているためです。

２について、React コンポーネントは Props を引数として受け取り、Props に応じてレンダリング内容を決定するので、Props の値が変わった時は再レンダリングして出力内容を変更する必要があります。そのため Props の値が変わった時は必ず再レンダリングが行われます。

注意したいのは３で、入門者が見落としがちな挙動です。**「再レンダリングされたコンポーネント配下のコンポーネント全て」**とはどういうことかというと、例えば以下のようなファイル構成をイメージしてみてください。

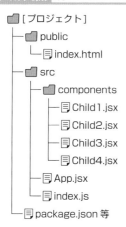

```
[プロジェクト]
├─ public
│   └─ index.html
├─ src
│   ├─ components
│   │   ├─ Child1.jsx
│   │   ├─ Child2.jsx
│   │   ├─ Child3.jsx
│   │   └─ Child4.jsx
│   ├─ App.jsx
│   └─ index.js
└─ package.json 等
```

コンポーネントの階層構造は以下のようになっているものとします（図 6-a）。

図 6-a　**コンポーネントの階層構造**

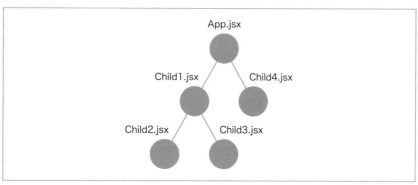

このようなコンポーネントツリーの時、**再レンダリングされたコンポーネント配下のコンポーネントが全て再レンダリングされる**ということは、例えばルートコンポーネントである App.jsx が State を更新した場合、全てのコンポーネントが再レンダリングされてしまうことを意味します（図 6-b）。

6

図 6-b　**App.jsx が State を更新した場合に再レンダリングされるコンポーネント**

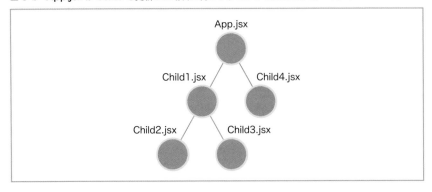

　同じ要領で、Child1.jsx が State を更新した場合は、以下（図 6-c）のように再レンダリングされます。

図 6-c　**Child1.jsx が State を更新した場合に再レンダリングされるコンポーネント**

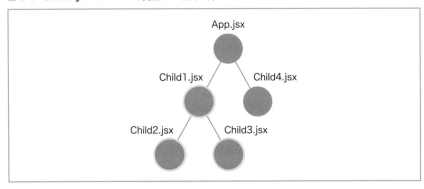

　このように子のコンポーネントは特に Props が変更されていなくてもデフォルトでは親が再レンダリングされたら再レンダリングされます。表示が変わらないのに毎回無駄な再レンダリングをしてしまうとパフォーマンスの低下を引き起こす原因になってしまいます。

　ではそうならないためにコードで再レンダリングの最適化を見ていきましょう。

6-2 レンダリング最適化 1（memo）

では、コードベースで再レンダリングの制御について学んでいきましょう。

注意

2022 年 3 月にリリースされた React v18.0.0 から開発時の再レンダリングの挙動に変更があったため、React v18.0.0 以降で再レンダリングの仕組みについての学習を進める場合は index.js の＜ React.StrictMode ＞のタグを削除することをオススメします。

事前準備

まずは先ほど図解したコンポーネント構成でプロジェクトを作成します。

App.jsx ではカウントアップ機能を実装していきましょう。さらに各コンポーネントが再レンダリングされたことが視覚的に分かりやすくするために関数コンポーネントの最初に `console.log` を仕込んでおきます。

`フォルダ構成` 事前準備

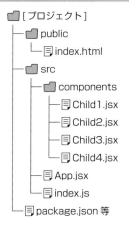
```
[プロジェクト]
├── public
│   └── index.html
├── src
│   ├── components
│   │   ├── Child1.jsx
│   │   ├── Child2.jsx
│   │   ├── Child3.jsx
│   │   └── Child4.jsx
│   ├── App.jsx
│   └── index.js
└── package.json 等
```

画面表示は以下（図 6-d）のようになります。

図 6-d **画面表示**

事前準備　　　　　　　　　　　　　　　　　　　　　　　　　　　　│ App.jsx

```jsx
import { useState } from "react";
import { Child1 } from "./components/Child1";
import { Child4 } from "./components/Child4";

export const App = () => {
  console.log("App レンダリング ");

  const [num, setNum] = useState(0);

  const onClickButton = () => {
    setNum(num + 1);
  };

  return (
    <>
      <button onClick={onClickButton}> ボタン </button>
      <p>{num}</p>
      <Child1 />
      <Child4 />
    </>
  );
};
```

事前準備　　　　　　　　　　　　　　　　　　　　　　　　　　　　　| Child1.jsx

```jsx
import { Child2 } from "./Child2";
import { Child3 } from "./Child3";

const style = {
  height: "200px",
  backgroundColor: "lightblue",
  padding: "8px"
};

export const Child1 = () => {
  console.log("Child1 レンダリング ");

  return (
    <div style={style}>
      <p>Child1</p>
      <Child2 />
      <Child3 />
    </div>
  );
};
```

事前準備　　　　　　　　　　　　　　　　　　　　　　　　　　　　　| Child2.jsx

```jsx
const style = {
  height: "50px",
  backgroundColor: "lightgray"
};

export const Child2 = () => {
  console.log("Child2 レンダリング ");

  return (
    <div style={style}>
      <p>Child2</p>
    </div>
  );
};
```

事前準備　　　　　　　　　　　　　　　　　　　　　　　　　　　　　| Child3.jsx

```jsx
const style = {
  height: "50px",
```

6

```
    backgroundColor: "lightgray"
};

export const Child3 = () => {
  console.log("Child3 レンダリング ");

  return (
    <div style={{style}}>
      <p>Child3</p>
    </div>
  );
};
```

事前準備 | Child4.jsx

```
const style = {
  height: "200px",
  backgroundColor: "wheat",
  padding: "8px"
};

export const Child4 = () => {
  console.log("Child4 レンダリング ");

  return (
    <div style={{style}}>
      <p>Child4</p>
    </div>
  );
};
```

　App の子コンポーネントとして Child1 と Child4、さらに Child1 の子コンポーネントとして Child2 と Child3 が設定されている状態です。

　この状態で App のカウントアップを実行すると **App の State が更新されたことにより全てのコンポーネントが再レンダリングされている**ことがコンソールから確認できます（図 6-e）。

図 6-e　2回カウントアップした時のコンソール（2回とも全てのコンポーネントが再レンダリングされている）

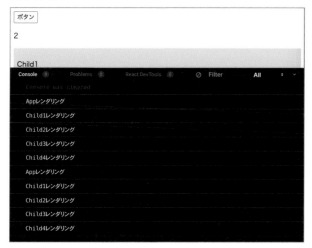

　この場合 App 以外のコンポーネントに関しては**表示が変わるわけではなく再レンダリングしなくても問題はない**と思うので制御していきましょう。

React.memo

　React において、コンポーネント、変数、関数などの再レンダリング時の制御をするには**メモ化**を行います。

　メモ化とは、前回の処理結果を保持しておくことで処理を高速化する技術です。必要な時のみ再計算をすることで不要な処理を省くことが可能となります。

　今回の例では**コンポーネントのメモ化**を行うことで、親のコンポーネントが再レンダリングしても子のコンポーネントの再レンダリングを防ぐことができます。そのための機能は React が提供してくれており、React の中にある **memo** を使用します。**memo** はコンポーネント関数全体をカッコで囲むだけで使用することができます。

書式　memo
```
const Component = memo(() => {});
```

　たったこれだけで、このコンポーネントは **Props に変更がない限り再レンダリングされない**ようになります。

では、全てのコンポーネントをメモ化していきましょう。

メモ化　　　　　　　　　　　　　　　　　　　　　　　　　　| App.jsx

```
import { useState, memo } from "react";
// ...省略
export const App = memo(() => {
  // ...省略
});
```

メモ化　　　　　　　　　　　　　　　　　　　　　　　　　| Child1.jsx

```
export const Child1 = memo(() => {
  // ...省略
});
```

メモ化　　　　　　　　　　　　　　　　　　　　　　　　　| Child2.jsx

```
export const Child2 = memo(() => {
  // ...省略
});
```

メモ化　　　　　　　　　　　　　　　　　　　　　　　　　| Child3.jsx

```
export const Child3 = memo(() => {
  // ...省略
});
```

メモ化　　　　　　　　　　　　　　　　　　　　　　　　　| Child4.jsx

```
export const Child4 = memo(() => {
  // ...省略
});
```

全てのコンポーネントのメモ化ができました。ここで先ほどと同様にカウント
アップを実行して再レンダリングの様子を見てみます (図 6-f)。

図 6-f　メモ化して 2 回カウントアップした時のコンソール（App のみ再レンダリングされている）

　メモ化したことで**再レンダリングされているのは App コンポーネントのみ**となっていることが確認できます。このように memo を使用することで、親コンポーネントの再レンダリングに紐づく不要な再レンダリングを抑制することができます。

　レンダリングコストの高いコンポーネント（要素数が膨大、高負荷な処理をしている等）は積極的にメモ化していくことでパフォーマンスを向上していきましょう。

6-3　レンダリング最適化 2（useCallback）

　memo を使用することでコンポーネントのメモ化ができました。続いて**関数のメモ化**をしていきましょう。

事前準備

　まずは事前準備として、Child1 の中に「押すとカウントアップ中の数値を 0 に戻す［リセット］ボタン」を配置するケースの実装をしてみます。

　数値の State は App が持っているので App の中でリセットするための関数を定義して、その関数を Child1 に渡すことで実現します。そのためのコードは以下のようになります。

事前準備　　　　　　　　　　　　　　　　　　　　　　　　　　　　　｜App.jsx

```
// ... 省略
export const App = memo(() => {
```

```
// ... 省略
const onClickReset = () => {
  setNum(0);                          ┆----- 追加
};


return (
  <>
    <button onClick={onClickButton}> ボタン </button>
    <p>{num}</p>
    <Child1 /> •-------------------------------------削除
    {/* ↓Props として関数を設定 */}
    <Child1 onClickReset={onClickReset} /> ┆----- 追加
    <Child4 />
  </>
);
});
```

事前準備   ▌Child1.jsx

```
// ... 省略
export const Child1 = memo(() => { •------------------------削除
export const Child1 = memo((props) => { •-----------------追加
  console.log("Child1 レンダリング ");

  // Props から関数を展開 ( 分割代入 )
  const { onClickReset } = props; ┆-------------------------追加

  return (
    <div style={style}>
      <p>Child1</p>
      {/* ↓渡された関数を実行するボタンを設置 */}
      <button onClick={onClickReset}> リセット </button> ┆----- 追加
      <Child2 />
      <Child3 />
    </div>
  );
});
```

　これで以下の図 6-g、図 6-h のように [リセット] ボタンを押すと数値がリ
セットされる機能ができました。

図 6-g 　[リセット]ボタン押下前

図 6-h 　[リセット]ボタン押下後

　しかし、ここで最適化したはずの再レンダリングを再度確認すると、**カウント
アップの度に Child1 が再レンダリングされる**ようになってしまっています
（図 6-i）。

図 6-i 　2 回カウントアップした時のコンソール（Child1 も再レンダリングされている）

このように関数の定義は同じで Props が変わっているわけではないのに再レンダリングされてしまっています。これは望む挙動ではないので、なぜ起きているのか、どう対処するのかを確認していきましょう。

React.useCallback

関数を Props に渡す時にコンポーネントをメモ化していても再レンダリングされてしまう原因は**関数の再生成**です。

以下のように関数を定義していますが、通常この場合は**再レンダリング等でこのコードが実行される度、常に新しい関数が再生成されている**のです。

例：関数の定義

```
const onClickReset = () => {
  setNum(0);
};
```

そのため関数を Props として受け取っている Child1 は、**Props が変化したと判定**してカウントアップの度に再レンダリングをしているということになります。この事象を回避するためには**関数のメモ化**を行う必要があります。

そのための機能は React が提供してくれており、React の中にある **useCallback** を使用します。useCallback は**「第 1 引数に関数」**、**「第 2 引数に useEffect と同じく依存配列」**をとります。以下が例です。

書式 useCallback

```
const onClickButton = useCallback(() => {
  alert(' ボタンが押されました！');
}, []);
```

この場合、依存配列は空なので関数は**最初に作成されたものが使い回される**ようになります。もちろん useEffect と同様に依存配列に値を設定した場合は、その値が変更されたタイミングで再作成されるようになります。では useCallback を適用していきましょう。

useCallback を適用 | App.jsx

```
// ...省略
```

```
export const App = memo(() => {
  // ... 省略
  const onClickReset = () => {            ┐─ ────────────── 削除
    setNum(0);                            ┘
  };
  // 関数をメモ化
  const onClickReset = useCallback(() => {  ┐──── 追加
    setNum(0);                              ┘
  }, []);

  return (
    <>
      <button onClick={onClickButton}> ボタン </button>
      <p>{num}</p>
      <Child1 onClickReset={onClickReset} />
      <Child4 />
    </>
  );
});
```

onClickReset 関数を useCallback を使用しメモ化するだけです。この状態で
カウントアップ処理を実行すると、以下（図 6-j）のようにカウントアップ時に再
レンダリングされているのは App だけになっていることが確認できます。

図 6-j　2 回カウントアップした時のコンソール（App のみ再レンダリングされている）

再レンダリングされているのが App のみとなり、不要な再レンダリングを最
適化することができました。

このように子コンポーネントに Props として渡していくことになる関数は積
極的に **useCallback** を使いメモ化し、意図しない再レンダリングが起きない
ようにしていきましょう。

どこまでメモ化をすれば良いの？？

 先輩！　メモ化で不要な再レンダリングが防げてパフォーマンスが上がることは分かったんすけど、どこまでメモ化を意識すれば良いんすか？？　全部やったほうが良いんすか？？

 そうだね〜、小規模なアプリで体感的にももっさりしてる感がなければ正直最初はそこまで意識しなくても良いんだけど、データ量が増えてきそうなコンポーネントとかは要注意だね。あとはただのテキストとか比較的小さいコンポーネントはわざわざしなくても良いかな

 まずは、比較的影響の大きなコンポーネントをメモ化しとけって感じすかね？

 そうだね！　コンポーネントに渡すような関数もメモ化しとくに越したことはないよ。あ、useCallback 使う時は関数内で扱っている変数は依存配列に設定すること忘れないようにね！

 気をつけます！

6-4　変数の memo 化 (useMemo)

　ここまで**コンポーネントのメモ化**と**関数のメモ化**について解説しました。基本的にはこの 2 つを使っていくことで不要な再レンダリングを抑制していけるかと思います。

　最後におまけとして**変数のメモ化**についても紹介します。

React.useMemo

　memo や useCallback ほど使用頻度が高いわけではないですが、変数のメモ化として **useMemo** というものが React に用意されています。useMemo の構文は以下のようになります。

```
const sum = useMemo(() => {
  return 1 + 3;
}, []);
```

　useEffect や useCallback とほとんど同じ構文ですが、**「第 1 引数の関数で変数に設定する値の返却」、「第 2 引数に依存配列」**をとります。

　上記の場合で説明すると、第 2 引数が空配列になっているので初回読み込まれた時のみ「1 + 3」という計算を実行し、それ以降再レンダリングされた時は最初の値を使い回すことができるようになります。もちろん依存配列に変数を設定しておくことでその値が変わった時のみ変数を再設定することができます。

　変数設定のロジックが複雑だったり、膨大な数のループが実行される場合等に使用することで変数設定による負荷を下げることが可能となります。また、依存配列に設定されている値を見ることでその変数を設定するのに影響を与えている外部の値を明示的に示すことができるので可読性の向上も期待できます。

　このように様々な種類のメモ化が存在するので、適宜パフォーマンス向上のために使えるようにしていきましょう。

6

教えて
先輩！

Core Web Vitals って何？？

 先岡さん、フロントエンドのパフォーマンスって効果を見るの難しくないですか？　明らかに遅いものを改善したら分かると思うんですけど、そこまでではない時に何を基準に判断すれば良いのかなと...

 良い疑問だね！それで言うと1つ見ると良い観点として、Google が提唱している『Core Web Vitals』っていう指標があるよ

 コアウェブバイタル...ですか？？

 そう。Web サイトにおけるユーザー体験に重要とされる3つの観点として、『LCP (Largest Contentful Paint)』『FID (First Input Delay)』『CLS (Cumulative Layout Shift)』があるよーってやつだね

 なんか難しそうですね...

 簡単に言うと『サイト表示の速さ』、『ユーザーアクションへの反応の速さ』、『レイアウトずれが起きないか』だよ。これらを改善することでサイトの売上が向上したり、検索結果も上位にでやすくなると言われてるからとっても大事

 ちょっと勉強で作ったサービスで計測してみます！

chapter 6 まとめ

▶ 再レンダリングが起きるのは以下の3パターン
- State が更新されたコンポーネント
- Props が変更されたコンポーネント
- 再レンダリングされたコンポーネント配下のコンポーネント全て

▶ メモ化とは処理結果を保持して処理を高速化する技術

▶ コンポーネントのメモ化は memo

▶ 関数のメモ化は useCallback

▶ 変数のメモ化は useMemo

グローバルな State 管理

コンポーネント内で作成・参照する
State をローカル State と表現します。
アプリケーションが複雑化してくると、
このローカル State だけでなくコンポー
ネントをまたいで使用できるグローバル
State の知識が必要となるので学んでい
きましょう！

いや、だからこんなその場しのぎのコードだと後々保守が大変になるんですよ！！前にも言いましたよね！

電話越しに珍しく先岡さんが語気を強めていて、課内の雰囲気は初めて経験するものになっていた。どうやらパートナー会社に発注していたコードが上がってきたのだが、以前指摘したところも改善されておらずひどいものだったらしい。新人の後藤君がこの独特の雰囲気を楽しんでいるかのようにチラチラ僕のほうを見て目を合わせようとしてくるが、気づかないフリをしてパソコンに向かっていた。
電話を終えた先岡さんがこちらに向かってきた。今日は React の勉強を見てもらう日だ。「ちょっと気まずいな。どうしよう…」と考えていたら後藤君が駆け寄り気味に話しかけていた。

先輩！めっちゃ怒ってましたけどなんかあったんすか！？

この新人のこういう気にせずグイグイいくところはビックリを超えてもはや尊敬だ。
先岡さんはパートナー会社の過去のひどいエピソードをいくつか教えてくれたが、話の途中で周りの課員も同意の頷きを見せていた。

いやーほんと困っちゃうな。君たちはこんなエンジニアになったらダメだよ...あ、そう言えばちょうど良いから次は2人に**グローバルなState 管理**について知ってもらおうかな！！

グローバル...普通の State とは何か違うってことですよね？

そうだね。例えば、あるコンポーネントで持っている State を子のコンポーネント内でも参照したい時ってどうする？

えっと、Props で渡してあげたら子コンポーネントでも参照できます

正解！じゃあコンポーネントが 5 階層くらいになっていて、親のコンポーネントで定義している State を 1 番下の階層のコンポーネントで参照したい時はどうする？

 順番に Props で渡していけばいけるっす！！

 はい、そういうコーディングを考えなしにやっている人はさっきの電話みたいに怒ります

 え…

困った後藤君を見て皆が笑った。先輩の機嫌も戻ってきたようだ。

 グローバルな State を上手く使うことで Props をシンプルに保つことができたり、再レンダリングも最小限に抑えることができるんだけど、それを全くせずに Props に渡しまくってるのがさっきパートナー会社さんに怒ってた理由の 1 つなんだよね。だから 2 人にもこのタイミングで勉強して欲しい

 それは絶対覚えておかないといけないですね

 頑張ります！

どうやら複雑化していくアプリケーションでグローバルな State 管理というのは必須の知識らしい。React の基本機能で実装する方法があるらしいので僕たちは学ぶこととなった。

グローバルな State 管理が必要な理由

まず始めに「なぜグローバルな State 管理が必要なのか」についてもう少し掘り下げて解説します。

Props のバケツリレー

グローバルな State 管理の仕組みを用いることでコンポーネント間で Props を受け渡すことなく値の共有をすることが可能になります。コンポーネントに適切に分割されたある程度の規模の React アプリケーションの場合、ルートコンポーネントから最下層のコンポーネントまで 5 階層以上になることは多々あります (図 7-a)。

図 7-a　**Props を順番に渡す例**

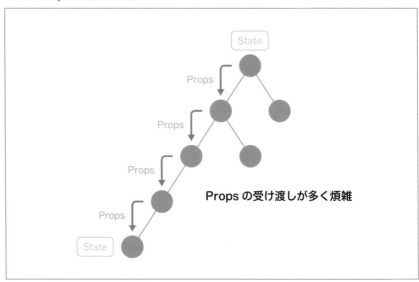

グローバルな State 管理の仕組みを導入すると、どのコンポーネントからもその値にアクセスできるようになるため、不要な Props の受け渡しがなくなります (図 7-b)。

図 7-b　グローバルな State 管理の例

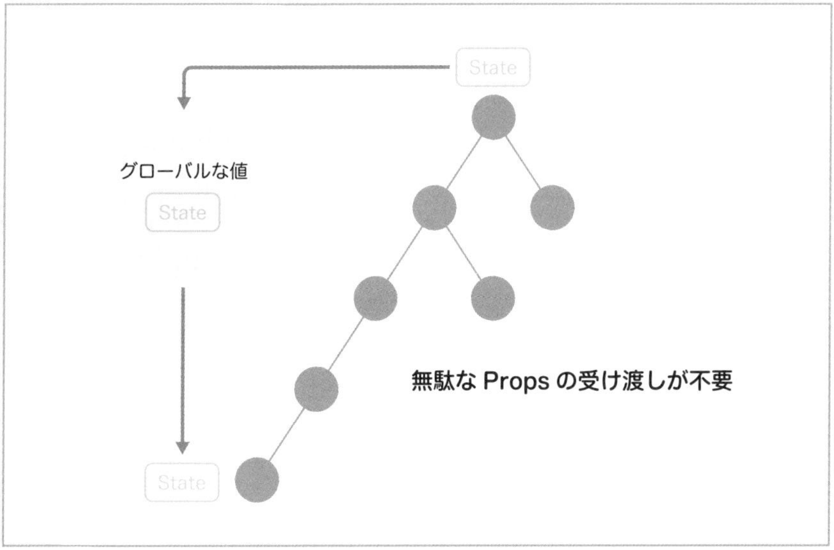

グローバルな値

無駄な Props の受け渡しが不要

　このように下層のコンポーネントで使いたいがために不要な Props を受け渡していくことはしばしば**バケツリレー**と表現されます。バケツリレー式にコンポーネントを作っていくと様々な弊害が起きます。

　まずは**コードが複雑化する**ということです。1 つならまだ良いですが、複数の Props を多階層にわたりバケツリレーしてしまうと 1 つのコンポーネントがもつ Props が肥大化し、「何をするためのコンポーネントなのか」が分かりづらくなります。また、本来必要のない Props を受け取っていることで**他の場所で再利用できないコンポーネントになってしまう**という弊害もあるでしょう。

　更にこれまで学んだようにコンポーネントは **Props が変更されたら再レンダリングされる**ので、先ほどの図（図 7-a）で中間層にいるバケツリレーをしているコンポーネントは、本来**再レンダリングが必要ないにもかかわらず State 更新時に全て再レンダリングしてしまう**ということになります。

　こういった弊害があるため規模の大きいアプリケーションの場合には、適切に State や Props の設計を行うことは非常に重要です。

7

バケツリレーのしんどい例

　では実際に名前編集アプリのコードレベルでバケツリレーがしんどい例を紹介します。

　ここではコードを簡潔にするため 3 階層としますが、実際にはもっとコンポーネントのネストが深いケースで考えてみてください。また、なるべく今回解説したいこと以外のノイズを減らすため、CSS もインラインスタイルで簡潔にあてることとします。

　「管理者のみ [編集] ボタンを押せる」のようなケースを想定し、あるユーザーの情報が表示されているカード型のコンポーネント内に [編集] ボタンがあります。親のコンポーネントで管理者かどうかのフラグを切り替えられるようにしておき、管理者の場合のみ [編集] ボタンが活性化するような仕様です（図 7-c、図 7-d）。

図 7-c　**管理者の場合**

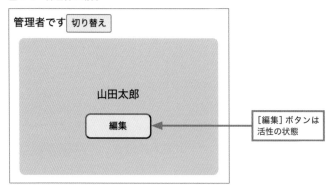

図 7-d　**管理者ではない場合**

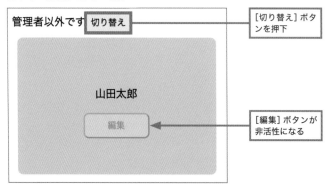

プロジェクト構成は次のようになっています。

上記の名前編集アプリ

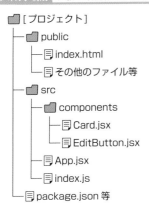

[プロジェクト]
├─ public
│ ├─ index.html
│ └─ その他のファイル等
├─ src
│ ├─ components
│ │ ├─ Card.jsx
│ │ └─ EditButton.jsx
│ ├─ App.jsx
│ └─ index.js
└─ package.json 等

`App.jsx` と `Card.jsx` と `EditButton.jsx` のコードは次のようになっています。

名前編集アプリ

| App.jsx

```jsx
import { useState } from "react";
import { Card } from "./components/Card";

export const App = () => {
  // 管理者フラグ
  const [isAdmin, setIsAdmin] = useState(false);

  // [切り替え] 押下時
  const onClickSwitch = () => setIsAdmin(!isAdmin);

  return (
    <div>
      {/* 管理者フラグが true の時とそれ以外で文字を出し分け */}
      {isAdmin ? <span> 管理者です </span> : <span> 管理者以外です </span>}
      <button onClick={onClickSwitch}> 切り替え </button>
      <Card isAdmin={isAdmin} />
    </div>
  );
};
```

上記の名前編集アプリ　　　　　　　　　　　　　　　　　　　▌Card.jsx

```jsx
import { EditButton } from "./EditButton";

const style = {
  width: "300px",
  height: "200px",
  margin: "8px",
  borderRadius: "8px",
  backgroundColor: "#e9dbd0",
  display: "flex",
  flexDirection: "column",
  justifyContent: "center",
  alignItems: "center"
};

export const Card = props => {
  // props として管理者フラグを受け取る
  const { isAdmin } = props;

  return (
    <div style={{style}}>
      <p> 山田太郎 </p>
      <EditButton isAdmin={isAdmin} />
    </div>
  );
};
```

上記の名前編集アプリ　　　　　　　　　　　　　　　　　　　▌EditButton.jsx

```jsx
const style = {
  width: "100px",
  padding: "6px",
  borderRadius: "8px"
};

export const EditButton = props => {
  const { isAdmin } = props;
  // isAdmin が false（管理者でない）時にボタンを非活性にする
  return (
    <button style={{style}} disabled={!isAdmin}>
      編集
    </button>
```

```
  );
};
```

　ルートコンポーネントである App.jsx に管理者フラグの State を持っていて、それを最下層である EditButton.jsx まで渡しています。この程度ならまだ許容範囲ではありますが、それでも Crad.jsx はバケツリレーするためだけに `isAdmin` という Props を受け取っていることになります。

　このシンプルなアプリケーションを例にグローバルな State を用いる方法について学んでいきましょう。

7-2 Context での State 管理

　グローバルな State 管理を行うためのライブラリはいくつかありますが、React 自体が持っている `Context` という機能を使うことでも実現することができます。本書ではこの Context を用いたグローバル State の管理方法を紹介します。

Context でのグローバル State の基本的な使い方

　Context でのグローバル State の使用方法には大きく分けて以下の 3 つのステップがあります。

❶ `React.createContext` で Context の器を作成する
❷ 作成した Context の `Provider` でグローバル State を扱いたいコンポーネントを囲む
❸ State を参照したいコンポーネントで `React.useContext` を使う

　順番にコードで確認していきましょう。

❶ React.createContext で Context の器を作成する
　まずは Context を保持するためのプロバイダーコンポーネントを作成します。今回は管理者フラグを保持するグローバル State なので、`AdminFlagProvider.`

jsxという名前にします。また、表示用のコンポーネントとは属性が異なるコンポーネントになるので分かりやすいように **providers** というフォルダ配下に格納していくこととしましょう。

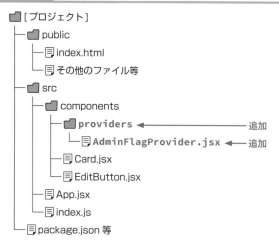

フォルダ構成　プロバイダーコンポーネントの追加

```
[プロジェクト]
├── public
│   ├── index.html
│   └── その他のファイル等
├── src
│   ├── components
│   │   ├── providers          ← 追加
│   │   │   └── AdminFlagProvider.jsx   ← 追加
│   │   ├── Card.jsx
│   │   └── EditButton.jsx
│   ├── App.jsx
│   └── index.js
└── package.json 等
```

React の中に **createContext** という関数が用意されているので、それを使って Context の器を作成します。

Context の器を作成　　　　　　　　　　　　　　　　　　　　│ AdminFlagProvider.jsx

```
import { createContext } from "react" ;

export const AdminFlagContext = createContext({});
```

AdminFlagContext という名前で Context の器を作成しています。createContext の引数にはデフォルト値を設定することができます。ここでは空のオブジェクトとしています。また、Context を参照する側のコンポーネントで使用するため **AdminFlagContext** は **export** していることに注意してください。

これで管理者フラグを入れていくための Context が作成できました。

❷作成した Context の Provider でグローバル State を扱いたいコンポーネントを囲む

Context の値を参照できるようにするためには、`Provider` で Context の値を参照したいコンポーネント群を囲む必要があります（多くの場合はルートコンポーネント等）。

まずは Provider を作成してみましょう。AdminFlagProvider.jsx に追記していきます。

Provider の作成　　　　　　　　　　　　　　　　　| AdminFlagProvider.jsx

```jsx
import { createContext } from "react";

export const AdminFlagContext = createContext({});

export const AdminFlagProvider = props => {
  const { children } = props;

  // 動作確認のために適当なオブジェクトを定義
  const sampleObj = { sampleValue: "テスト" };

  // AdminFlagContext の中に Provider があるのでそれで children を囲む
  // value の中にグローバルに扱う実際の値を設定
  return (
    <AdminFlagContext.Provider value={sampleObj}>
      {children}
    </AdminFlagContext.Provider>
  );
};
```

Provider コンポーネントは何でも囲めるように **Props として children を受け取る**ようにするのがポイントです。前段で作成した `AdminFlagContext` の中に `Provider` が用意されているのでそれを返却していきます。この Provider コンポーネントは `value` という Props を設定することができ、ここにグローバルに管理する実際の値を渡していきます（今はサンプル用のオブジェクトを設定）。

では作成した Provider を使って参照したい範囲のコンポーネントを囲んでいきましょう。今回はアプリ全体で参照できるようにしたいので `index.js` の中で **App コンポーネント**を囲みます。

7

185

```js
import ReactDOM from "react-dom/client";

import { App } from "./App";
import { AdminFlagProvider } from "./components/providers/
AdminFlagProvider";

const root = ReactDOM.createRoot(document.
getElementById("root"));
root.render(
  <AdminFlagProvider>
    <App />
  </AdminFlagProvider>
);
```

これで Provider 周りの準備が整いました。

❸ State を参照したいコンポーネントで React.useContext を使う

ここまでで全てのコンポーネントが作成した Provider で囲まれた状態になっているので、どのコンポーネントからでも Context の値を参照できるようになっているはずです。

では試しに `EditButton.jsx` から参照してみましょう。

Context の値を EditButton.jsx から参照 ▮ EditButton.jsx

```jsx
// "react" から useContext を import
import { useContext } from "react";

// 作成した Context を import
import { AdminFlagContext } from "./providers/
AdminFlagProvider";

const style = {
  width: "100px",
  padding: "6px",
  borderRadius: "8px"
};

export const EditButton = props => {
  const { isAdmin } = props;
```

```
// useContext の引数に参照する Context を指定する
const contextValue = useContext(AdminFlagContext);
console.log(contextValue); // {sampleValue: "テスト"}

return (
  <button style={style} disabled={!isAdmin}>
    編集
  </button>
);
};
```

useContext で取得した値に Context で設定したオブジェクトが入っている
ことが確認できました。このように Context の値を使用するコンポーネント側
は、**useContext を使いその引数に対象の Context を指定するだけ**で参照す
ることができます。非常にシンプルに実装できることが分かるかと思います。

では今回の仕様に照らし合わせて実際に State を持つように変更していきま
しょう。

Context の State 更新と参照

ここまででサンプルの値を持ったオブジェクトを参照することができたので、
次に isAdmin フラグを State として Context に格納し、参照・更新できるよう
にしたいと思います。

まずは `AdminFlagProvider.jsx` で State を定義し、その State の値と
更新関数を Context の value に設定します。そうすることでどのコンポーネン
トからでも管理者フラグの参照と更新を行うことができるようになります。

State を定義　　　　　　　　　　　　　　　　　| AdminFlagProvider.jsx

```
import { createContext, useState } from "react";

export const AdminFlagContext = createContext({});

export const AdminFlagProvider = props => {
  const { children } = props;

  // 管理者フラグ
  const [isAdmin, setIsAdmin] = useState(false);
```

7

```
  // Context オブジェクトとして isAdmin と setIsAdmin を設定 ( オブジェクトの
省略記法 )
  return (
    <AdminFlagContext.Provider value={{ isAdmin, setIsAdmin }}>
      {children}
    </AdminFlagContext.Provider>
  );
};
```

次に **EditButton.jsx** で Context から isAdmin を取得し、ボタンの disabled に設定します[1]。

Context から isAdmin を取得

EditButton.jsx

```
import { useContext } from "react";

import { AdminFlagContext } from "./providers/
AdminFlagProvider";

const style = {
  width: "100px",
  padding: "6px",
  borderRadius: "8px"
};

export const EditButton = () => {
  // Context 内の isAdmin を取得
  const { isAdmin } = useContext(AdminFlagContext);

  return (
    <button style={style} disabled={!isAdmin}>
      編集
    </button>
  );
};
```

そして、**App.jsx** でもともと定義していた isAdmin の State は削除し、Context から取得した更新関数を[切り替え]ボタン押下時に実行するようにします。

※ 1 この時点で props の isAdmin は削除できました！

更新関数の [切り替え] ボタン押下時実行処理

```jsx
import { useContext } from "react";

import { AdminFlagContext } from "./components/providers/
AdminFlagProvider";
import { Card } from "./components/Card";

export const App = () => {
  // Context 内の isAdmin と更新関数を取得
  const { isAdmin, setIsAdmin } = useContext(AdminFlagContext);

  // 切り替え押下時
  const onClickSwitch = () => setIsAdmin(!isAdmin);

  return (
    <div>
      {isAdmin ? <span> 管理者です </span> : <span> 管理者以外です </
span>}
      <button onClick={onClickSwitch}> 切り替え </button>
      <Card isAdmin={isAdmin} />
    </div>
  );
};
```

最後にバケツリレーをしていた **Card.jsx** からいらなくなった Props を削除します。

不要な Props の削除

```jsx
import { EditButton } from "./EditButton";

const style = {
  width: "300px",
  height: "200px",
  margin: "8px",
  borderRadius: "8px",
  backgroundColor: "#e9dbd0",
  display: "flex",
  flexDirection: "column",
  justifyContent: "center",
  alignItems: "center"
```

```
};

// シンプルになった！
export const Card = () => {
  return (
    <div style={{style}}>
      <p> 山田太郎 </p>
      <EditButton />
    </div>
  );
};
```

　これで正常に動作することを確認しましょう。正しく修正できている場合は、バケツリレーしていた時と同様に以下（図7-e、図7-f）のように［切り替え］ボタン押下時に［編集］ボタンの活性／非活性が変化します。

図7-e　管理者の場合

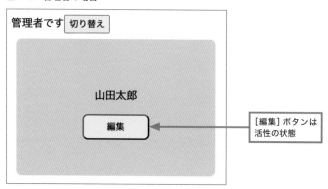

図7-f　管理者ではない場合

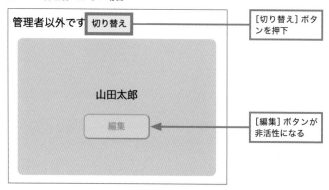

このように Context を用いることでバケツリレーをすることなく State の参照、更新をすることができるようになります。冒頭にも述べたようにコンポーネントの階層が深くなればなるほど、グローバル管理したいような State が増えれば増えるほど、Context を使うメリットは増していきます。適切なタイミングで導入し、コンポーネントをシンプルに保てるようにしましょう。

 グローバルな State にするかどうかってどうやって判断したら良いですか？

 例えばアプリケーションの複数箇所から参照する値、階層構造にないコンポーネント間で値を共有することが多くなってきた時なんかは使い時だね！

 よくグローバル管理するものとかあったりするんすか？？

 例えばログインしてるユーザーの情報。どのページにいても常に画面の右上に情報を表示したりするし、ログインユーザーの情報に応じて色々制御があったりするケースが多いからね。まずはログインユーザー情報の Context 化にトライしてみてね！

再レンダリングに注意

Context を使うとどういった時に再レンダリングが起きるかとその最適化方法を知っておくことも重要です。

まず、**1 つの Context オブジェクトの値が何か更新された時は、useContext でその Context を参照しているコンポーネントは全て再レンダリング**されます。例えば先ほどの例で言うと、「あるコンポーネントでは setIsAdmin 関数のみ使っている」場合でも isAdmin が更新されたタイミングでこのコンポーネントも再レンダリングされてしまいます。**同じ Context に入っている値が何か更新された時はその Context を参照しているコンポーネントは全て更新される**ということを覚えておきましょう。

なので 1 つの Context に属性の異なる色んな State を詰め込むのは避ける必

要があります。また、場合によっては更新関数を別の Context に分けるという
のも手です。

　Provider はネストすることができるので、以下のように複数の Provider でコ
ンポーネントを囲むことが可能です。

書式　複数の Provider でコンポーネントを囲む

```
return (
  <AdminFlagProvider>
    <OtherProvider>
      <App />
    </OtherProvider>
  </AdminFlagProvider>
);
```

　このように再レンダリングの影響が大きい場合は Context に持たせる値を考
慮することで再レンダリングを最適化できるので、是非試してみてください。

7-3　その他のグローバル State を扱う方法

　ここまで React がデフォルトで提供している Context について解説しました。
Context のように Props で値を受け渡すことなく State を管理する方法はいく
つかあります。全て細かく解説することはできませんが、概要を紹介しておきま
すので参考にしてみてください。

Redux

　Redux は 2015 年から存在している状態管理のライブラリで、数年にわたり
React 状態管理のデファクトスタンダードに近いポジションを取っていました。
今でも多くのプロジェクトで採用されており大規模なプロジェクトに特に適して
いると言われています。Redux は Meta 社が提唱している **Flux アーキテクチャ**
に則って設計されており、単一方向にしかデータが流れないのが特徴です。

🖥 サイト　Redux 公式サイト
URL　https://redux.js.org/

図 7-g　**Redux 公式サイト**

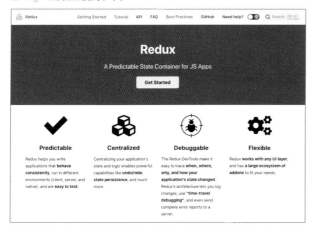

■ Redux の概念

Redux で登場する概念は以下（図 7-h）の図で表現されています。

図 7-h　**Redux の概念図**

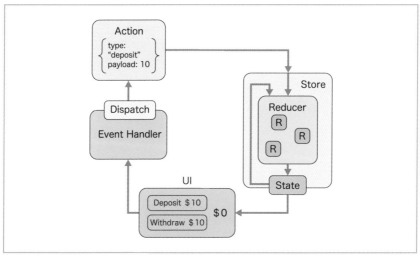

※ Redux 公式サイトより引用（https://redux.js.org/tutorials/essentials/part-1-overview-concepts）

■ Store

　Redux では全ての State は `Store` と呼ばれるオブジェクト内に保持されます。State を更新する時も参照する時もこの Store に対して行います。

▪ Action、Dispatch

Redux では **Action** を **Dispatch** します。Action とは「こういうことが起きたよ」と定義しておくものです。それを Dispatch（送信）することで State 更新の契機を作ることができます。

▪ Reducer

Dispatch された Action を受け取るのが **Reducer** です。Reducer は「現在の State」と「受け取った Action」に応じて新たな State を返却する関数です。Reducer が新たな State を返却することで Store 内の State が更新されます。

このように必ず State を Store で管理し、State の更新は決められたルールに則り一方通行で行うことで State 管理に秩序をもたらすことができるのが Redux の大きなメリットです。

Redux の現状

以下（図 7-i）は npm trends で確認した React と Redux の過去 5 年間のダウンロード数です（2021 年 8 月現在）。

🌐 サイト　npm trends
`URL`　https://www.npmtrends.com/

図 7-i　**React と Redux のダウンロード数**

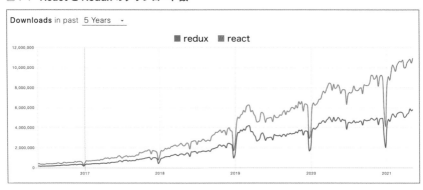

これを見ると React アプリケーションの約半数が Redux を採用しているということが分かります（Redux は React 専用のライブラリではないので一概には言えませんが）。

依然として人気のある Redux ですが、学習コストが高いことやファイル数や
バンドルサイズが膨らみやすいという側面もあるので、導入するのは大規模なア
プリケーションや State 管理が複雑化するのが見込まれるアプリケーションが
適しているでしょう。

また近年は Context やそれを扱う Hooks、以降で紹介する状態管理の代替ラ
イブラリの登場もありダウンロード数も少し緩やかになってきています。次に紹
介する Recoil が正式にリリースされると、もう少し顕著に採用するチーム数が
減るかもしれません。

Recoil

Recoil は React を開発している Meta 社が提供している状態管理ライブラリ
で 2020 年 5 月に公開された新しい状態管理の選択肢です。2021 年 8 月現在
ではまだ experimental（試験的な段階）ですが、Meta 社自体が開発を進めてい
ることもあり今後間違いなく主流になってくると言われています。

🔵 **サイト**　Recoil 公式サイト
URL　https://recoiljs.org/

図 7-j　**Recoil 公式サイト**

■ **Recoil の概念**

Recoil の特徴は導入と実装のハードルが低いということです。とにかく気軽
に使用できることに特化しており、文法も React Hooks の useState に似たよ
うな use 〜といった形で馴染みやすいです。

また、Redux の場合は 1 つの大きな Store を各コンポーネントから参照しま

したが、Recoil は Redux の Store にあたるデータストアをいくつも作成することができます（データ属性等に応じてストアを分けることが可能）。

■ Atom

Atom はデータストアのことで、アプリケーションで一意の値をキーに設定することでデータの読み書きを行うことができます。Atom には初期値を指定することが可能です。

■ Selector

Selector は Atom からデータを取得し変換するためのものです。Atom から直接値を参照することもできますが、取得した値を変換する必要がある場合等は Selector を使用することでロジックを隠蔽することができます。

基本として覚えるべき概念はこの 2 つのみで、コンポーネント側で参照・更新したい Atom を指定し、Recoil が提供している「`useRecoilValue`」「`useSetRecoilState`」「`useRecoilState`」等の Hooks を使うことで useState の感覚でグローバルな State を扱うことができます。Redux に比べ非常にシンプルなことが分かります。

Recoil の現状

Recoil はまだ正式にリリースされていないので少なくとも**正式にリリースとなるまでは影響範囲の大きいプロジェクトで採用するのは待ったほうが良い**かと思います。ただコアな部分はさすがに大幅に変わることはないと思うので、**小さなプロジェクトや個人開発では積極的に採用していって良い**フェーズにはあるという印象です。

新しいエンジニアの情報共有プラットフォームとして話題を集めている Zenn も状態管理として Recoil を採用したと公表しており、日本でも徐々に採用事例が増えてくると思われます。

🔵 サイト　Zenn
`URL`　https://zenn.dev/

Apollo Client

Apollo Client は GraphQL^{※2} API をクライアント側で効率良く操作するためのライブラリです。バックエンドとのやりとりに GraphQL を採用している場合に限りますが、この Apollo Client での状態管理というのも選択肢に入ってきます。

🌐 サイト　Apollo Client 公式サイト
URL　https://www.apollographql.com/

図 7-k　**Apollo Client 公式サイト**

■ Apollo Client の概念

Apollo Client はもともとデータの取得結果をキャッシュする機構が備わっており、「キャッシュが存在する場合には API を実行せずにキャッシュの値を返却する」といったことが可能でした。

さらに 2020 年に Apollo Client のバージョン 3 がリリースされ、クライアントの状態管理として有用な機能が追加されました。

■ Reactive variables

Reactive variables は API の取得結果のキャッシュとは別で任意に作成できるデータストアで、Recoil で言うところの Atom のような位置付けになります。

※2　GraphQL は Meta 社が開発しているクエリ言語で REST に代わる API の仕組みとして注目されている

リアクティブという名前の通り値が更新された時はその値を参照しているコンポーネントやクエリも合わせて更新されます。

　こちらの Reactive variables も比較的シンプルに実装することができるため、既にフロントエンドで Apollo Client を使用している場合は強力な選択肢となるでしょう。

Apollo Client の現状

　GraphQL で API をやりとりするプロジェクトの多くが Apollo Client を使用しているため、そういったプロジェクトでグローバルな State を管理していきたい場合は Apollo Client が提供している機能を使うのが良いです（アプリケーションの規模によってはもちろん Redux も選択肢になります）。

　状態管理のためだけに Apollo Client を入れるというケースは考えづらいため、これまで紹介したライブラリとは違い技術選択時に依存する環境はありますが、1 つの選択肢として覚えておくと良いでしょう。

あれれ？？

どうかしたの後藤君？

自分の勉強で作ってた React アプリを localhost じゃなくて、Web で誰でも見れるようにしたいなーと思ったんすけど、会社のサーバーにプロジェクトフォルダ置いても上手くいかなくて...

そりゃそうだね〜。前言ったみたいに今書いてるコードがそのまま動くんじゃなくて、バンドルしたりコンパイルしたりしないといけないからね。本番用のコードを生成することを『ビルド』って言うね

ビルド！　ビルドしたいっす！

例えば create-react-app で作ったプロジェクトの package.json 見てみて。scripts の中に build ってあるでしょ。npm run build ってコマンド実行してみて

お、なんか動いてる！　...build フォルダが生成されました！

そうそう。それがビルド後の生成物になるから、それをサーバーに上手いこと置いてあげると見れるようになるよ。ちなみにこうやってビルドしたものをサーバーに配置して見れるようにすることを『デプロイ』って言うね

自分で毎回ビルドしてサーバーに置くのけっこう面倒っすね...

そんなめんどくさがり屋の後藤君にオススメなのがホスティングサービスだね！

なんすかそれ！

サーバーを提供してくれてて簡単にデプロイすることができるサービスのこと。例えば Vercel、Heroku、Netlify、Amplify Console、GitHub Pages なんかがあるね！

7

いっぱいあるんすね！　そういうサービスを使うと自分でビルドして
デプロイしなくて良いんすか？？

 そうそう。こうやって対象の GitHub のリポジトリを選ぶだけで
ちょっと待ってたら...ほらデプロイできた！しかもリポジトリに変更
があった時は勝手に再デプロイしてくれたりするんだよ

 おー！　これはやばいっすね！　早速使ってみます！！

まとめ

- ▶ 下層のコンポーネントで使うために本来不要な Props を受け渡していくことをバケツリレーと呼ぶ
- ▶ Props のバケツリレーが増えるとコードが複雑化したり、再利用しづらいコンポーネントとなったり、不要な再レンダリングが増えてしまうというデメリットがある
- ▶ React が提供している Context を使うことでグローバルな値を管理できる
- ▶ Context は以下のステップで扱う
    1. React.createContext で Context の器を作成
    2. Provider で囲む
    3. コンポーネントで React.useContext を使う
- ▶ 1 つの Context に入れている値が何か更新されるとその Context を参照している全てのコンポーネントは再レンダリングされる
- ▶ レンダリングを最適化したい場合は Context に入れるデータを適切に分割し、Provider を複数作成する
- ▶ Redux、Recoil、Apollo Client 等のライブラリを使うことでグローバル State を管理することも可能
- ▶ グローバル State 管理ライブラリとしては、React と同じく Meta 社が開発している Recoil の採用が今後増えそう

React と TypeScript

近年のフロントエンド開発では、
TypeScript の知識は必須のものとなっ
ています。この章では TypeScript の
基本文法から React と組み合わせる方
法、その恩恵等について解説していきま
す。1 つレベルの上がった React 開発
に進んでいきましょう。

React...覚えること多すぎっすね...

なんだかんだもう React の勉強を始めて 2 週間くらい経っていた。にもかかわらず終わりの見えない React 習得への道に新人君は疲弊しているようだった。

 でも明らかに前よりコードが読めるようになってるよね。すんなり理解できる箇所が増えて楽しくなってきたよ

 先輩はポジティブっすねぇ〜自分はそろそろ勉強飽きてきたっす

 何が飽きてきたってー？？

いつの間にか後ろに立っていた先岡さんが後藤君の言葉を遮った。笑って誤魔化そうとするお調子者新人を冗談っぽく睨んでいる。今日も安定の女神だ。

 まぁ今のは聞かなかったことにして、そんなお二人に朗報があります。次から二人とも実際のプロジェクトに入ってもらうことが決まりました！

 ！！！

現場への配属が決まったという報告を聞いて、正直楽しみ半分不安半分という感じだった。僕の表情から考えを読み取ったのか先岡さんが続けた。

 もちろんまだまだ覚えることはあるし、いきなり他の人と同じようにタスクをこなすのは難しいと思うけど、やっぱり実際の案件を経験するのが 1 番成長するんだよね。他の人が書いたコードを見たり、機能追加の流れを知るのはとっても勉強になるし

 なるほど...ちなみに最初にやることは何でしょうか？

 最初はね〜、型！

 カタ？？

 そう型。TypeScript を覚えてもらいます。主田君は知ってるかな？

 Java のような型付言語みたいに JavaScript にも型の概念を持ってくるんですよね。でもコードも長くなるし、なんかエラーもいっぱい出たりするとかで面倒臭そうというイメージが正直あります…実際のReact プロジェクトでは使ってるものなんでしょうか？

 ここ 2 年くらいのうちのプロジェクトで言うと TypeScript の採用率は 100% だね。つまりこれからの React 開発では必須の知識ってこと

 コードが長くなるのに何がそんなに良いんすか？？

 関数とかコンポーネントに必要な情報を定義できるから事前におかしい箇所に気付けたり、コード打ち間違いのバグが防げたり、型が設計書みたいな役割をしてくれて開発者間で認識合わせしやすかったり、エディターでコード補完が利くようになるから開発効率が上がったりもうほんとに色々！

先岡さんは呼吸を整えるついでに言葉を考えるように一瞬止まり、こう言った

 TypeScript が無い React 開発なんてありえない！！

どうやら相当必要なものだということは先岡さんの熱弁から伝わってきた。TypeScript を習得することでまた 1 つ React 開発が楽しくなるらしいので現場に入って絶対にすぐ覚えてやるという気合いで取りかかった。

TypeScript の基本

これからフロントエンド開発を始めていく場合、TypeScript は必須の知識です。なぜなら TypeScript の利用には、保守性の向上や開発効率のアップ等多くの恩恵があるためです。まずは、TypeScript の基本を学び、その後、React と組み合わせる方法を学んでいきましょう。

TypeScript とは

TypeScript は Microsoft が開発しているオープンソースな言語です。

📋 **サイト** TypeScript 公式サイト
`URL` https://www.typescriptlang.org/

図 8-a **TypeScript 公式サイト**

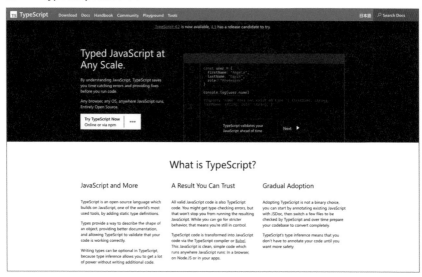

その名の通り、JavaScript で **Type（型）** を扱えるようにしているもので、JavaScript のスーパーセットにあたるので JavaScript の文法・記法は全てそのまま使うことができます。

TypeScript を導入することで変数やコンポーネントが受け付ける値の型を定義できるので意図しない値が設定されることによるバグを未然に防げたり、エ

ディタのコード補完による DX（Developer Experience：開発者体験）が向上することが期待できます。

　昨今の Web アプリケーションにおけるフロントエンド開発は非常に複雑化・肥大化する傾向にあり、型による安全性・堅牢性の向上なしには継続的に安定したアプリケーションを提供するのはかなり難しいというのが現状です。

　Meta 社公式の React プロジェクト作成方法である `create-react-app` でも簡単に TypeScript のプロジェクトを開始できるように `--template typescript` というオプションを用意しています。

▼ TypeScript のプロジェクトを開始するオプション
```
npx create-react-app [ プロジェクト名 ] --template typescript
```

　以下は `my-app` という名前で React × TypeScript プロジェクトを作成する場合の例です。

▼ my-app プロジェクトを React × TypeScript で作成
```
npx create-react-app my-app --template typescript
```

　TypeScript はできることも多いのでその全てを初めから理解しようとするのではなく、快適に React 開発を行う助けとなる基本をまず覚えましょう。特に React 開発で必要となる実践的な内容を本章では順に解説していきます。

基本的な型の種類

　ではまずは基礎知識として、型指定の仕方と基本的な型を紹介します。

■ 基本的な型

　型は指定したい変数のあとに `:（ コロン ）` 型の種類というように記述します。以下にそれぞれの型の指定方法を挙げていきます。

書式　string（文字列）型
```
// : string で指定
let str: string = "A";
str = "10"; // OK
str = 10; // NG
```

文字列しか入らないような変数は **string** 型を指定します。string 型を指定している変数に文字列以外を代入しようとするとエラーとなります。

number（数値）型

```
// : number で指定
let num: number = 0;
num = 10; // OK
num = "10"; // NG
```

数値しか入らないような変数は **number** 型を指定します。number 型を指定している変数に数値以外を代入しようとするとエラーとなります。

boolean（真偽値）型

```
// : boolean で指定
let bool: boolean = true;
bool = false; // OK
bool = 10; // NG
```

true か false しか入らないような変数は **boolean** 型を指定します。boolean 型を指定している変数に真偽値以外を代入しようとするとエラーとなります。

Array（配列）型

```
// : Array< 型名 > または : 型名 [] で指定
// 数値を格納する配列の場合
const arr1: Array<number> = [0, 1, 2];
let arr2: number[] = [0, 1, 2];
arr1.push(10); // OK
arr2.push(10); // OK
arr1.push("10"); // NG
arr2 = 10; // NG
```

配列の変数には **Array** 型を指定します。指定方法が 2 種類ありますが、どちらで指定しても同じです。**Array<number>** のように **<>** の中に型を指定する方法を **Generics（ジェネリクス）** と呼びますが、次項で詳しく解説します。上記のように数値の配列型を指定している変数に数値以外を追加しようとしたり、そもそも配列以外の値を代入しようとするとエラーとなります。

書式　null 型

```
// : null で指定
let null1: null = null;
null1 = null; // OK
null1 = 10; // NG
```

TypeScript では null も型として個別に用意されています。null しか入らない
ような変数は **null** 型を指定します。null 型単体で使用することはあまりあり
ませんが、あとで解説する「文字列または null」のような複合的に定義する型指
定等で使用したりします。null 型を指定している変数に null 以外を代入しよう
とするとエラーとなります。

書式　undefined 型

```
// : undefined で指定
let undefined1: undefined = undefined;
undefined1 = undefined; // OK
undefined1 = 10; // NG
```

TypeScript では undefined も型として個別に用意されています。undefined
しか入らないような変数は **undefined** 型を指定します。undefined 型単体で
使用することはあまりありませんが、後で解説する「文字列または undefined」
のような複合的に定義する型指定等で使用したりします。undefined 型を指定
している変数に undefined 以外を代入しようとするとエラーとなります。

書式　any 型

```
// : any で指定
let any1: any;
any1 = false; // OK
any1 = 10; // OK
any1 = undefined; // OK
```

any 型はどんな値でも入れることができる型指定です。TypeScript を導入し
ている意味がなくなるので**なるべく避けたい型指定**となります。用途としては、
もともと TypeScript を使ってなかったプロジェクトに TypeScript を導入する
際に難しいところは一旦全て any にしておいて徐々に any をなくしていく時や、
開発途中でまだ型の指定がよく定まっていない時に一旦 any で進めるというケー
スなどがあります（この場合、コメント等を書いておいて any が残っているのを

8

忘れないようにしましょう）。

関数の型指定

関数の型は「引数の型」と「返却値の型」をそれぞれ指定できます。カッコの中に引数、カッコの外に返却値の型を指定します。

関数の型、void 型

```
// : void で指定
// 関数の型は ( 引数 : 引数の型名 ): 返却値の型名 => {}
const funcA = (num: number): void => {
  console.log(num);
};
funcA(10); // OK
funcA("10"); // NG
funcA(); // NG
```

上記の例では引数に number 型が指定されているので数値以外を関数に渡そうとするとエラーとなります。

また **void** 型というのは**関数が何も返却しない**ことを意味します。TypeScriptは**型推論**があるので関数内で何も return していなければ自動的に void 型になりますが、上記のように明示的に void を指定しておくと関数内で return 文を記述するとエラーにすることができます。

オブジェクトの型

```
// : { : 型名 , : 型名 ... } で指定
const obj: { str: string, num: number } = {
  str: "A",
  num: 10,
};
obj.str = "B"; // OK
obj.num = 20; // OK
obj.str = 10; // NG
obj.num = null; // NG
obj = 10;// NG
```

オブジェクトに対してはオブジェクトの各プロパティ毎に型を指定することができます。指定された型以外の変数をプロパティに設定しようとするとエラーになります。また、そもそもオブジェクトでない値を設定しようとしてもエラーと

なります。

複合的な型

次に複合的な型について紹介します。

intersection（交差）型

```
// 型 & 型 で指定
const obj: { str: string } & { num: number } = {
  str: "A",
  num: 10,
};
obj.str = "20"; // OK
obj.num = "10"; // NG
```

intersection は複数の型を合体して新たな型定義を作成できるものです。&
で複数の型を指定することで使用します。下記のように同じ型定義のプロパティ
（str: string）が存在する場合もマージされて問題なく機能します。

例：同じ型定義のプロパティ（str: string）が存在する場合

```
type TypeA = {
  str: string;
  num: number;
}
type TypeB = {
  str: string;
  bool: boolean;
}
// TypeA と TypeB から新しい TypeC を作成
type TypeC = TypeA & TypeB;

const obj: TypeC = {
  str: "A",
  num: 10,
  bool: false,
};
```

8

ここで **type** 構文が出てきましたがこれは TypeScript で型を定義するための
構文です。型定義を変数化して使い回すことで毎回複雑な型を書く必要がなくな

り、型情報を一元管理できるので開発効率が向上します。intersection を使用することで上記のように 2 つの型定義から新たな型を作成し、変数に設定することができます。

union（合併、共用体）型

```
// 型 | 型 で指定
let val1: string | number = "";
val1 = "A"; // OK
val1 = 10; // OK
val1 = []; // NG
```

union は複数の型を許容する型定義です。「文字列が設定されることもあるし、数値が設定されることもある」といった仕様の場合などで活用できます。本来不必要なものまで union で定義しているとコードの意図が伝わりにくくなったり、バグの原因になるので常に必要なものだけに絞っておくように注意しましょう。

ここまで基本的な型を解説しました。この他にも型はありますが、まずは React × TypeScript への入門ということで最低限の紹介に留めています。慣れてきてもっと詳しく知りたくなった方は別途 TypeScript の書籍等でキャッチアップしてください。

Generics（ジェネリクス）

TypeScript をやる上で Generics（ジェネリクス）は欠かせない概念です。ジェネリクスは型の定義を使用時に動的に変更できるという機能を提供します。まずは、以下の型定義を見てください。

例：型の定義例

```
type CustomType<T> = {
  val: T;
}
```

<T> の部分がジェネリクス特有の書き方です。型のあとに <T> のように型の変数のようなものを定義しておくことで val: T のように動的にプロパティ val の型を扱うことができます。ここで、T というのは別に何でも良く、大文字 1 文字で表されるのが一般的です。Type の T という意味で T がよく用いられますが、S でも U でも問題ありません。

上記の **CustomType** を使用する際は以下のように使用します。

CustomType の使用方法

```
const strObj: CustomType<string> = { val: "A" };
```

使用する際は `<>` の中に任意の型名を指定します。このようにすることでプロパティ val は string 型となるので string 以外の値は受け付けなくなります。

例：string 以外の値を代入した場合
```
// 以下のようにするとエラーとなる
const strObj: CustomType<string> = { val: 10 };
```

ジェネリクスは使用する側が任意に型を指定して自由に使うことができる性質上、ライブラリの型定義などでは良く用いられます。

実際、React でも useState で定義する State に型をつける時は以下のようにジェネリクスを使うことになります。

例：useState 定義時におけるジェネリクスの利用
```
const [str, setStr] = useState<string>("");
```

上記の str は string 型として定義されるので、例えば数値で更新しようとするとエラーとなります。

例：値を string 以外で更新した場合
```
const [str, setStr] = useState<string>("");

// string 以外で更新できない
setStr(10); // エラー
```

ジェネリクスは TypeScript を利用した開発において頻出するので、出てきても恐れずに使えるようにしておきましょう。

設定ファイル (tsconfig)

TypeScript は導入したら全てのプロジェクトに同一のルールを適用するのではなく、様々な**細かい設定をプロジェクトに合わせてカスタマイズできる**ように

8

なっています。極端な話、ルールをゆるくすれば JavaScript とほとんど変わらないコードで動かすことも可能です。このプロジェクト毎の細かい設定を司るのが `tsconfig.json` です。

ちなみに `create-react-app --template typescript` で作成した時のデフォルトの tsconfig.json は以下のようになっています（2021 年 8 月現在）。

フォルダ構成 プロジェクト作成時の tsconfig.json

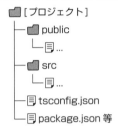

```
[プロジェクト]
├ public
│  └ ...
├ src
│  └ ...
├ tsconfig.json
└ package.json 等
```

プロジェクト作成時の tsconfig.json　　　　　　　　　　　　　tsconfig.json

```json
{
  "compilerOptions": {
    "target": "es5",
    "lib": [
      "dom",
      "dom.iterable",
      "esnext"
    ],
    "allowJs": true,
    "skipLibCheck": true,
    "esModuleInterop": true,
    "allowSyntheticDefaultImports": true,
    "strict": true,
    "forceConsistentCasingInFileNames": true,
    "noFallthroughCasesInSwitch": true,
    "module": "esnext",
    "moduleResolution": "node",
    "resolveJsonModule": true,
    "isolatedModules": true,
    "noEmit": true,
    "jsx": "react-jsx"
```

```
    },
    "include": [
      "src"
    ]
  }
```

デフォルトではこのような設定になっていますが、この他にも多くの設定項目が存在します。全てを紹介することはできないので、最低限 React × TypeScript 開発を始める上で把握しておくと良い項目について解説します。

ちなみに tsconfig.json の各項目については公式サイトの以下のページで日本語で説明されているので参考にしてください。

🖨 サイト　TypeScript 公式サイト　tsconfig リファレンス
　URL　https://www.typescriptlang.org/ja/tsconfig

図 8-b　**tsconfig リファレンス**

■ **target**

target には**どのバージョンの JavaScript にコンパイルするか**を指定します。上記では **es5** となっていますが、本書でも解説したように ES6 で多くの機能が追加されたものの一部未だ対応していないブラウザが存在するため、そういったブラウザでも正常に動作するように es5 となっています。ブラウザの対応状況に応じて徐々に target のバージョンを上げられるようになるイメージです。

8

lib

target に指定しているバージョンに存在しない機能を使用したい場合は lib に追記することで使用できます。上記で **esnext** という記述がありますが、ESNext とは次に発表される ECMAScript の仕様、つまり最新の JavaScript の記法ということです（dom と dom.iterable は React 開発をする上では必要）。

仮にブラウザが最新の仕様に対応している場合、target に esnext を指定して、lib には esnext を指定する必要はないということです（そんなことはありえないですが …）。

module

JavaScript はバックエンドで使用することもあり、フロントエンドで使用する場合とモジュールパターンが異なります。そのためフロントエンドで使用する際は module に esnext を指定しておきます（es2021 等でも可）。ちなみにバックエンドで使用する場合は mudule に commonjs を指定します。

jsx

React 開発では必要な設定です。これは JSX 構文がどのように JavaScript ファイルに出力されるかを設定するものです。React のバージョン 16 までは **react** を指定していましたが、バージョン 17 で JSX の変換ロジックが変更になりそれに対応する設定が **react-jsx** となります。

strict

strict には true か false を設定できます。これはプログラムがなるべく安全に動くように TypeScript が推奨している設定をいくつかまとめて有効化するための設定です。これから**新規で開発する場合は true にしておく**ことをおすすめします。true にすることで以下のルールがまとめて適用されます。

表　strict を true にすると適用される設定一覧

設定	説明
alwaysStrict	ECMAScript の strict モードで解釈する
noImplicitAny	暗黙的に any が推論されないようにする
noImplicitThis	暗黙的に this に any が推論されないようにする
strictBindCallApply	組み込みメソッドの call と bind と apply が正しい引数で呼ばれるようにする
strictFunctionTypes	関数の引数の厳密なチェックをする
strictNullChecks	null と undefined を厳密に分けてチェックする
strictPropertyInitialization	Class の constructor が設定されるようにする

　strict を true にしておいて、上記の各項目を個別に off にすることも可能です。既存の JavaScript プロジェクトを TypeScript 化する際にいきなり `"strict": true` にするとエラーだらけになってしまうので、まずは false から始めて上記を１つずつ対応していき最終的に true にできることがリプレイス時の理想の状態と言えるでしょう。

　その他にも多くの設定項目があるので、プロジェクトに応じて細かいルールの追加や削除を検討し、快適に開発していきましょう。

8-2　API で取得するデータへの型定義

Mini Episode

現場に入って勉強を兼ねて小さなタスクをやっている僕と後藤君のところにある日課長がやってきた。

8

 主田〜！昔つくった社内システムがおかしくてな〜！ほらここ、名前が表示されてないんだよ！

 えっと...はい、確かに表示されてないですね

 とりあえず名前出るように直しといてー！よろしく！

 え！自分ですか！？

大丈夫大丈夫ー！できるできるー！

はっはっはー、と言って課長は立ち去ってしまった。どうやらこの社内システムは昔に作られたあまり使われているものではないらしく、TypeScript も導入されていない。良い勉強になると思いこの小さなアプリを TypeScript 化してみることにした。

では実践の中でどのように TypeScript が生きてくるのか見ていきましょう。
　仮に以下のようなエンドポイントが存在するとして、API を呼ぶと下記の一覧データが取得できることとします。

 例：エンドポイント

```
https://example.com/users
```

 例：取得結果

```
[
  {
    "id": 1,
    "name": " 主田 ",
    "age": 24,
    "personalColor": "blue"
  },
  {
    "id": 2,
    "name": " 先岡 ",
    "age": 28,
    "personalColor": "pink"
  },
  {
    "id": 3,
    "name": " 後藤 ",
    "age": 23,
    "personalColor": "green"
  }
]
```

　アプリの想定としては API 経由で上記のデータを取得し、**「id：名前 (年齢)」**の形式で一覧に表示するものとします（図 8-c）。

図 8-c　一覧表示結果

```
1：主田(24)

2：先岡(28)

3：後藤(23)
```

　バグで名前が上記のように表示されていないようですが、現状のコードを見てみましょう（なお、tsconfig.json の設定や拡張子の tsx 化は済んでいるものとします）。

　これまでの React コンポーネントは .jsx という拡張子で実装してきましたが、TypeScript の場合は **.tsx** とします。同様に .js も **.ts** となるので拡張子を間違えないようにしましょう。

フォルダ構成　TypeScript 化

```
[プロジェクト]
├── public
│   └── …
├── src
│   ├── components
│   │   └── ListItem.tsx
│   ├── App.tsx
│   └── index.tsx
└── package.json、tsconfig.json 等
```

現状のコード　　　　　　　　　　　　　　　　　　　　　　　　| App.tsx

```
import { useEffect, useState } from "react";
import { ListItem } from "./components/ListItem";
import axios from "axios";

export const App = () => {
  // 取得したユーザー情報
```

```
  const [users, setUsers] = useState([]);

  // 画面表示時にユーザー情報取得
  useEffect(() => {
    axios.get("https://example.com/users").then((res) => {
      setUsers(res.data);
    })
  }, []);

  return (
    <div>
      {users.map(user => (
        <ListItem id={user.id} name={user.nama} age={user.age}
/>
      ))}
    </div>
  );
};
```

現状のコード | ListItem.tsx

```
export const ListItem = props => {
  const { id, name, age } = props;
  return (
    <p>
      {id}：{name}（{age}）
    </p>
  );
};
```

　axios は HTTP 通信をするためのライブラリで、API 通信の際によく使われるものです。ここでは API を呼んで、取得データを State に設定しています。

　なぜ上記のコードだと名前が表示されないのか、注意深く見てみると App.tsx で ListItem.tsx に Props を渡す部分で**「name」ではなく「nama」**になってしまっていることが分かります。

📷 **例：スペルミス**
```
{users.map(user => (
  <ListItem id={user.id} name={user.nama} age={user.age} />
))}
```

このような小さな打ち間違いでアプリがおかしくなりエラー改修に時間を取られるのはもったいないので TypeScript の力で解決していきましょう。

取得データへの型定義

「どんなデータが取れるか」というのをあらかじめ型定義しておくことで、フロントエンドのコード内でのバグを減らすことができます。まずは型定義を書いてみましょう。

型定義を記述　　　　　　　　　　　　　　　　　　　　　　　| App.tsx

```
import { useEffect, useState } from "react";
import { ListItem } from "./components/ListItem";
import axios from "axios";

// ユーザー情報の型定義
type User = {
  id: number;
  name: string;          ┤------追加
  age: number;
  personalColor: string;
};

export const App = () => {
  // ... 省略
};
```

今回 API で取得できるのは「id」「name」「age」「personalColor」の 4 つなのでそれを type としてそれぞれ string、number で定義します。あとは axios の場合は **get< 型 >** のようにジェネリクスで型を設定するだけで OK です。また、State にも同じ型を指定します（今回の場合は User の配列）。

State に同じ型を指定　　　　　　　　　　　　　　　　　　　| App.tsx

```
// ... 省略

export const App = () => {
  // 取得したユーザー情報
  const [users, setUsers] = useState([]); ◆----------------削除
  const [users, setUsers] = useState<User[]>([]); ◆------追加
```

8

```
// 画面表示時にユーザー情報取得
useEffect(() => {
  axios.get("https://example.com/users").then((res) => {  ◀---削除
  axios.get<User[]>("https://example.com/users").then((res) => {•
                                                              ⋮
                                                            追加
    setUsers(res.data);
  })
}, []);

// ... 省略
};
```

このように型を指定すると、先ほどまで打ち間違いしていた箇所にエディター上で以下（図 8-d）のようなエラーと以下の出力結果にあるエラーメッセージが表示されます。

図 8-d **nama がエラー**

```
name={user.nama}
```

出力結果

```
Property 'nama' does not exist on type 'User'.
```

「nama なんてプロパティはないはずだよ！」と教えてくれています。もちろんコンパイル時にもエラーになるので、「いざ本番環境で動かしてみたらおかしかった」という事態を避けることができます。この安心感が TypeScript の大きな利点の１つです。

また、型を指定することでエディタで補完が利くようになるので、例えば **user.** までを入力すると以下（図 8-e）のように「こういうプロパティがあるよ！」と表示してくれるので、上下カーソルで選択して Enter を押すだけで良いので入力する手間が省けます。

図 8-e　値の候補表示

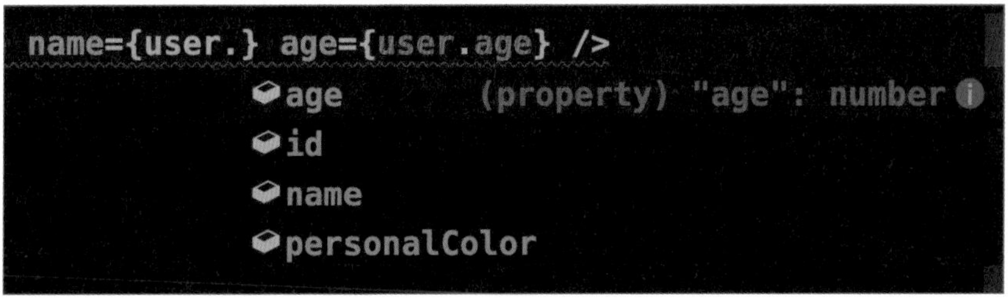

```
name={user.} age={user.age} />
            age        (property) "age": number ⓘ
            id
            name
            personalColor
```

　API などは基本的にはどんなデータが取れるか知る由もないので、事前に型を定義しておくことでより安全に開発を進めることができます。また、バックエンドチームとフロントエンドチームで API の認識を合わせる際にも非常に有用です。

8-3　Props への型定義

　取得データや State に型を付与することはできましたが、現段階では Props に対する型定義はされていないので、以下のように Props 名を「nama」に打ち間違えてしまうと先程と同じく名前が出ないというバグが起きてしまいます。

例：Props が nama になってしまっている例
```
{users.map(user => (
  <ListItem id={user.id} nama={user.name} age={user.age} />
))}
```

図 8-f　Props が間違っているので名称が表示されない

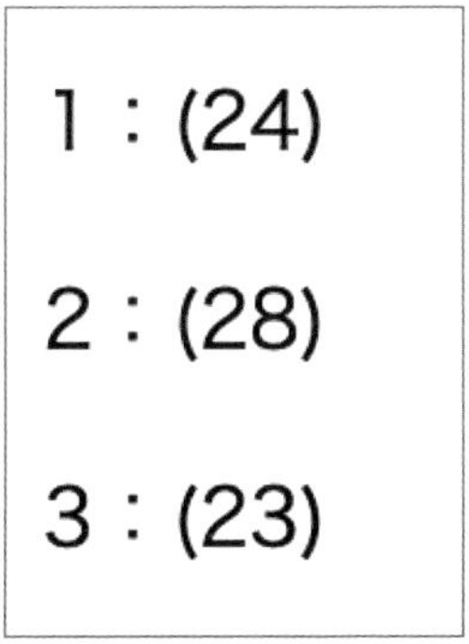

```
1 : (24)

2 : (28)

3 : (23)
```

「このコンポーネントはどんな Props を受け付けるのか」というのもコーディングの段階で事前に分かると、打ち間違いや過不足に気付くことができて開発効率が良くなります。

では Props に対しても型を定義していきましょう。子コンポーネント側で同じく型を定義し、引数の props に対して型を指定します。

Props の型を定義　　　　　　　　　　　　　　　　　　　　　　　　Ⅰ ListItem.tsx

```
// Props の型定義
type User = {
  id: number;
  name: string;      ┊-----追加
  age: number;
};

// props に型を指定
export const ListItem = props => {  ●---------------削除
export const ListItem = (props: User) => {  ●-------追加
  const { id, name, age } = props;
  return (
    <p>
      {id}:{name}({age})
    </p>
  );
};
```

このように型を指定すると、先ほどまで打ち間違えていた箇所にエディター上で以下 (図 8-g) のようなエラーと以下の出力結果にあるエラーメッセージが表示されます。

図 8-g **Props の nama がエラー**

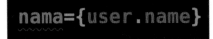

出力結果

```
Property 'nama' does not exist on type 'IntrinsicAttributes※ &
User'.
```

※ IntrinsicAttributes は全てのコンポーネントに付与される型

222

「nama なんてプロパティはないはずだよ！」と教えてくれています。また、試しに name を消してみると定義しているはずの型が Props に指定されていない場合もエラーが検出されることが分かります。

図 8-h　**Props 不足エラー**

```
{users.map(user => (
  <ListItem id={user.id} age={user.age} />
))}
```

出力結果

```
Property 'name' is missing in type '{ id: number; age: number;
}' but required in type 'User'.
```

「User 型で必要なのに name プロパティがないよ！」と教えてくれています。このようにコンポーネントの Props 型を指定することでコンポーネント間の Props のやりとりを安全に行うことができるようになります。

Mini Episode

 課長、名前が表示されないバグ対応しておきました。型定義も付与したので今後同じバグは起きにくくなってるかと思います

 おー見とくわ！　あ、そうそう主田。ちょっとついでに対応してくれるか。表示してる文字の色をそれぞれ登録してるパーソナルカラーにして欲しいんだよ

「案件のタスクあるんですけど」と言いかけてグッと堪えた。せっかくの機会だ、好き勝手に TypeScript の練習をさせてもらおうとポジティブにとらえることにした。

文字色を **personalColor** にするということで、コンポーネントに新しく Props を追加することになります。ではまずは **ListItem.tsx** の Props の型修正と色をつける部分のコーディングをしましょう。

Props の型修正および文字色をつける　　　　　　　　　　**｜ ListItem.tsx**

```
// Props の型定義
type User = {
```

8

```
  id: number;
  name: string;
  age: number;
  personalColor: string; ◆-------追加
};

export const ListItem = (props: User) => {
  const { id, name, age } = props; ◆---------------------削除
  const { id, name, age, personalColor } = props; ◆-------追加
  return (
    <p> ◆-------------------------------------削除
    <p style={{ color: personalColor }}> ◆-----------------追加
      {id} : {name}({age})
    </p>
  );
};
```

あとは親コンポーネントから Props に **personalColor** を追加するだけです。

personalColor の追加 | App.tsx

```
{users.map(user => (
  <ListItem id={user.id} nama={user.name} age={user.age}
personalColor={user.personalColor} />
))}
```

このように機能追加する際もまず型定義から修正していくことで、型定義をしたあとにエラーになった箇所を対応していけば良いので影響範囲が分かりやすくなります。TypeScript がリファクタリングに強いと言われるのはこのためです。

Mini Episode

 先輩！　前修正した社内システムなんすけど

 どうかした？

 User 型って App.tsx にも ListItem.tsx にも全く同じの書いてるじゃないすか。これまた課長が何か言ってきて項目増えたらどっちも手を

入れないといけないんすかね？結構めんどくさいっすね！

たしかに。この後輩は生意気だがこういうところは良く気がつく。型の管理について調べることにした

8-4 型定義の管理方法

同じ型の定義を複数箇所で使う場合、1つの型を色んなコンポーネントで使い回すことができます。毎回定義するのは面倒なので**型を一元管理する**ということです。ここでは User 型を1つのファイルで定義しておいて、App.tsx と ListItem.tsx からその情報を参照する方法について解説していきます。

ではまずは型情報を入れていくための **types** フォルダを用意し、その中にユーザーに関する型を入れる **user.ts** を作成しましょう。

フォルダ構成 | types フォルダの追加

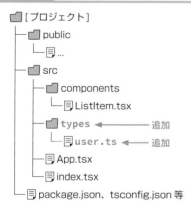
```
[プロジェクト]
├ public
│  └ …
├ src
│  ├ components
│  │  └ ListItem.tsx
│  ├ types          ◀──── 追加
│  │  └ user.ts     ◀──── 追加
│  ├ App.tsx
│  └ index.tsx
└ package.json、tsconfig.json 等
```

ユーザー情報の型を入れる ┃user.ts

```
export type User = {
  id: number;
  name: string;
  age: number;
  personalColor: string;
```

```
};
```

type も export や import して使用できます。

export した型定義を使用するファイル1 | App.tsx

```
import { useEffect, useState } from "react";
import { ListItem } from "./components/ListItem";
import axios from "axios";
import type { User } from "./types/user"; ←------追加

type User = {
  id: number;
  name: string;
  age: number;          ├-----削除
  personalColor: string;
};

export const App = () => {
  // 取得したユーザー情報
  const [users, setUsers] = useState<User[]>([]);

  // 画面表示時にユーザー情報取得
  useEffect(() => {
    axios.get<User[]>("https://example.com/users").then((res) => {
      setUsers(res.data);
    })
  }, []);

  // ...省略
};
```

export した型定義を使用するファイル2 | ListItem.tsx

```
import type { User } from "../types/user"; ←------追加

type User = {
  id: number;
  name: string;
  age: number;                                    -----削除
  personalColor: string;
};
```

226

```
export const ListItem = (props: User) => {
  const { id, name, age, personalColor } = props;
  return (
    <p style={{ color: personalColor }}>
      {id} : {name}({age})
    </p>
  );
};
```

注意点として、**import type { ~ } from** のように import のあとに **type** とついています。これは TypeScript ver3.8 から追加された**明示的に型定義のみを import するための構文**です。type をつけなくても動作しますが、型定義の import 時は忘れずに type を使用するようにしましょう。そうすることでコンパイル時に型に関するコードは取り除かれるようになるので不要なコードを含まないようにすることができます。

こうして使い回す型定義を別ファイルに分けて運用することで、仮に User 配列の型定義に変更があった場合も修正範囲を絞ることができます。より効率的に TypeScript での開発を進めることができるので共通する型定義の管理は工夫していきましょう。

8-5 コンポーネントの型定義

これまで使ってきませんでしたが、**実は関数コンポーネント自体の型定義**というのもあります。それが **FC** や **VFC** です。

以下のようにコンポーネント名のあとに通常の型と同じように指定します。Props の型はジェネリクスで設定します。

関数コンポーネント自体の型定義　　　　　　　　　　　　　　**ListItem.tsx**

```
import type { FC } from "react"; ←------追加
import type { User } from "../types/user";

export const ListItem = (props: User) => { ←--------削除
```

```
export const ListItem: FC<User> = props => {  ◀------追加
  const { id, name, age, personalColor } = props;
  return (
    <p style={{ color: personalColor }}>
      {id}：{name}（{age}）
    </p>
  );
};
```

　コンポーネントの型定義を使用することで JSX を返却していないとエラーにできたり、コンポーネント独自の設定ができたりするようになるので、基本的には関数コンポーネントには FC や VFC を指定していくようにしましょう。

FC と VFC の違い

　一言で言うと**「FC は型定義に暗黙的に children を含む。VFC は含まない」**という違いがあります（2021 年 8 月現在。React ver17）。

　ただ、以下（図 8-i）にあるように React ver18 で FC からも children が除外される予定となっています。

🌐 サイト　GitHub（React ver18 情報）
`URL`　https://github.com/DefinitelyTyped/DefinitelyTyped/
issues/46691

図 8-i　**FC から children が除外される**

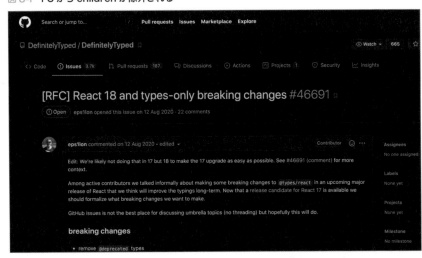

暗黙的に children が含まれると使うのか使わないのか分かりづらいよね、ということで、**children を使用する際は明示的に型指定**していきましょうという流れなので、現状（React ver17）の最適解としては「VFC を使用し children を明示的に指定（`children: React.ReactNode`）しておいて、ver18 になった段階で VFC を全て FC に置換する」となります。もし既に ver18 以上となっている場合は初めから FC を使っていけば大丈夫です[1]。

8-6　省略可能な型の定義

　ここまで設定してきた型定義は全て必須の型定義となっています。なので前段で解説したように例えば ListItem の Props から personalColor を削除するとエラーとなってしまいます（図 8-j）。

図 8-j　**Props 不足エラー**

```
users.map((user => (
<ListItem id={user.id} name={user.name} age={user.age} />
```

　ただ開発していく中で Props の中には「設定される時もあればされない時もある」といったものも多くなってきます。そういった時はエラーにまでなると困りますがどうするのでしょうか。

　答えは簡単で、user.ts 型定義の各プロパティ名のあとに省略可能を明示する「?」をつけるだけです。

省略可能を明示する「?」　　　　　　　　　　　　　　　　　　　　❙ user.ts

```
export type User = {
  id: number;
  name: string;
  age: number;
  personalColor: string; ◆-------削除
  personalColor?: string; ◆-------追加
};
```

※1　2022 年 3 月に React v18.0.0 がリリースされ、実際に FC から children が取り除かれたので今後は FC を使用していくことになるでしょう。

こうすることで先ほどまでのエラーは消えました（図 8-k）。

図 8-k　Props エラーが消える

```
users.map(user => {
<ListItem id={user.id} name={user.name} age={user.age} />
```

もちろん personalColor を設定しても問題なく動作します。「?」をつけることで User 型の中の personalColor の型定義は **string | undefined** と同義となります。そのため Props として設定しなくても undefined を受け付けるのでエラーが表示されなくなったということです。

ここで、「personalColor が未設定の場合は、文字色はデフォルトで灰色にしたい」といった要件があったとすれば、例えば分割代入のデフォルト値を設定することで対応可能です。

分割代入のデフォルト値を設定　　　　　　　　　　　　　　　　　│ ListItem.tsx

```
import type { User } from "../types/user";

export const ListItem = (props: User) => {
  const { id, name, age, personalColor } = props;  ←-------------削除
  const { id, name, age, personalColor = "grey" } = props;  ←----追加
  return (
    <p style={{ color: personalColor }}>
      {id}：{name}（{age}）
    </p>
  );
};
```

または前段で解説した FC や VFC できちんと型定義している場合、React コンポーネントに使用できる **defaultProps** を使ってデフォルト値を設定しておくこともできます。

defaultProps によるデフォルト値の設定　　　　　　　　　　　　　│ ListItem.tsx

```
import type { FC } from "react";  ←-----------------------------------追加
import type { User } from "../types/user";

export const ListItem = (props: User) => {  ←---------------------削除
export const ListItem: FC<User> = props => {  ←------------------追加
```

```
  const { id, name, age, personalColor = "grey" } = props; ←---削除
  const { id, name, age, personalColor } = props; ←------------追加
  return (
    <p style={{ color: personalColor }}>
      {id}：{name}({age})
    </p>
  );
};

ListItem.defaultProps = {
  personalColor: "grey"        }-----追加
};
```

　これらのように省略可能な Props に対してデフォルトの挙動を設定しておく
ことで、より他の開発者が見た時に理解しやすいコンポーネントとなりますし、
Props が未設定の場合も安定して動作させることが可能となります。

8-7　オプショナルチェイニング（Optional chaining）

　オプショナルチェイニングは TypeScript ver3.7 で追加された機能で、オブ
ジェクト内のプロパティが存在するか否かを気にせず安全に処理してくれる仕組
みです。と、言われてもしっくりこないと思うのでこちらも実例で確認していき
ましょう。

Mini Episode

 主田！後藤！例の社内システム、"趣味" も何個か登録してくれたみ
たいだから表示できるようにしといてくれるかー！

 えっと、表示の仕方とかはどうしましょう？

 ええ感じに！よろしく！

 ええ感じにしましょう先輩

どうやら趣味は複数登録されていて、まだ登録してない、人もいるようだ。

今回の機能追加に伴い API で受け取るデータが仮に以下のように変更された
とします。

例：機能追加後のデータ取得結果

```
[
  {
    "id": 1,
    "name": " 主田 ",
    "age": 24,
    "personalColor": "blue"
  },
  {
    "id": 2,
    "name": " 先岡 ",
    "age": 28,
    "personalColor": "pink"
  },
  {
    "id": 3,
    "name": " 後藤 ",
    "age": 23,
    "personalColor": "green",
    "hobbies": ["game", "soccer"] ◆-------追加
  }
]
```

これに伴い型定義も修正します。

機能追加による型定義の修正 | user.ts

```
export type User = {
  id: number;
  name: string;
  age: number;
  personalColor?: string;
  hobbies?: string[]; ◆-------追加
};
```

型定義は string の配列型で、hobbies が設定されていないデータもあるので
「?」をつけるのを忘れないようにしましょう。

App.tsx と ListItem.tsx に Props を追加します。また、表示する際は配列に使用できる **join** メソッドを使います (join は ( ) 内で指定した文字で配列の要素を結合し１つの文字列とするメソッドです)。

Props の追加

```tsx
// 省略
return (
  <div>
    {users.map(user => (
      <ListItem
        id={user.id}
        name={user.name}
        age={user.age}
        personalColor={user.personalColor}
        hobbies={user.hobbies} ◦------- 追加
      />
    ))}
  </div>
);
};
```

Props の追加 (join メソッドの利用)

```tsx
// ... 省略
export const ListItem: FC<User> = props => {
  const { id, name, age, personalColor } = props; ◦------------- 削除
  const { id, name, age, personalColor, hobbies } = props; ◦---- 追加
  return (
    <p style={{ color: personalColor }}>
      {id} : {name}({age}) ◦-------------------------------------- 削除
      {id} : {name}({age}) {hobbies.join(" / ")} ◦--------------- 追加
    </p>
  );
};
// ... 省略
```

これで機能の実装ができたように思えます。しかしここまで実装すると以下のようなエラーが表示されてしまいます。

8

```
Cannot read property 'join' of undefined
```

　現在 API で取得したデータには id が 3 の後藤にしか hobbies が設定されていません。その他のデータは hobbies が undefined で ListItem.tsx に渡ってきます。その際 undefined には join というメソッドは使えないため、上記のようなエラーが表示されてしまっています。**実行するまで hobbies が設定されているか分からない**のが問題と言えます。User の型定義的には hobbies に「**?**」をつけており省略される可能性があるのは分かっているので、これをオプショナルチェイニングで解決します。

　オプショナルチェイニングは実装としては非常に簡単で、省略されるかもしれないプロパティ名のあとに「**?**」をつけるだけです。

オプショナルチェイニングの実装　　　　　　　　　　　　　　　　　　| ListItem.tsx

```
// ... 省略
export const ListItem: FC<User> = props => {
  const { id, name, age, personalColor, hobbies } = props;
  return (
    <p style={{ color: personalColor }}>
      {id}：{name}({age}) {hobbies.join(" / ")}  ←------- 削除
      {id}：{name}({age}) {hobbies?.join(" / ")} ←------- 追加
    </p>
  );
};
// ... 省略
```

こうすることでエラーなくデータを表示することができました（図 8-l）。

図 8-l　**hobbies の表示**

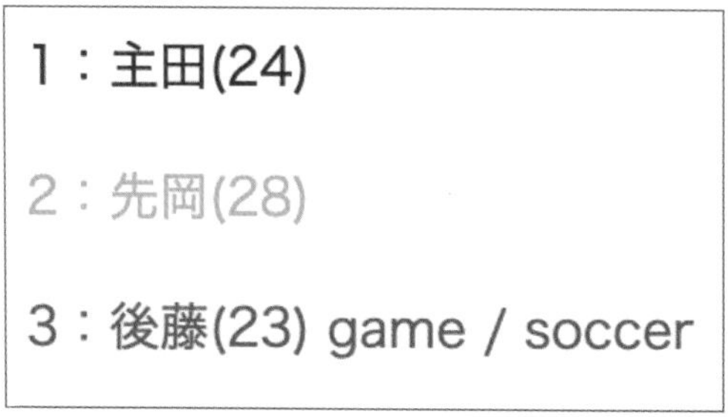

```
1：主田(24)

2：先岡(28)

3：後藤(23) game / soccer
```

オプショナルチェイニングを指定することでプロパティが存在しない場合は、その先は実行せずにその時点で `undefined` を返却してくれます。

型定義上「`?`」がついているプロパティの実装時は基本的にオプショナルチェイニングにしておけば OK なのですが、型定義をしている状態で「`.`」入力時にエディタが表示してくれる候補を選択すると自動で「`?`」を補完してくれたりするので便利です。

TypeScript を使うと様々な箇所で意味の違う「`?`」が登場するので最初は混乱するかもしれませんが、どれも必須の知識なので 1 つずつ順番に覚えていきましょう。

8-8　ライブラリの型定義

これまでは自分の実装したコードに対する型定義について解説してきました。それ以外に実際の開発の中では多くの外部ライブラリを使用することになりますが、これらのライブラリの型定義の扱い方も知る必要があります。

外部ライブラリの型定義に関してはそのライブラリの対応状況に応じて 3 パターンに分かれます。

パターン1：型定義がない

ライブラリが古かったりするとそもそも型定義が存在しないライブラリもあります。その場合は諦めてそのライブラリ周りのコードは型定義なしで使用するか、自分で作成することになります。

型定義が存在するかどうかというのは TypeScript プロジェクトでライブラリを選定する際の重要な指標となるでしょう。

パターン2：ライブラリが型定義を包含している

そもそもライブラリ自体が型定義をデフォルトで持っている場合、通常通り npm や yarn でライブラリをインストールすれば型が利いている状態で使用する

8

ことが可能です。

「型定義を包含してくれているかどうか」というのは GitHub のリポジトリで ~.d.ts ファイルを持っているかどうかで判別することができます。例えば axios では index.d.ts フォルダがあることが確認できるので型定義を包含していることが分かります。

🖥 サイト　axios のリポジトリ
URL　https://github.com/axios/axios

図 8-m　**axios のリポジトリ**

index.d.ts フォルダ

パターン3：型定義を別でインストールする

DefinitelyTyped というリポジトリで様々なライブラリの型定義が管理されています。

🖥 サイト　DefinitelyTyped のリポジトリ
URL　https://github.com/DefinitelyTyped/DefinitelyTyped

図 8-n　**DefinitelyTyped のリポジトリ**

ここに型定義があるライブラリは npm や yarn で @types/ ライブラリ名で型定義をインストールすることができます。

▼ react-router-dom の場合（npm）

```
npm install -D @types/react-router-dom
```

▼ react-router-dom の場合（yarn）

```
yarn add -D @types/react-router-dom
```

　DefinitelyTyped に型定義があるかどうか確認する手段としては TypeScript 公式の Type Search 画面（図 8-o）から探すか、`npm(yarn) info @types/ ライブラリ名`をとりあえず実行して情報が返ってくるか確認するという方法もあります。

　🌐 サイト　TypeScript 公式サイト（Type Search 画面）
　URL　https://www.typescriptlang.org/dt/search

図 8-o　**TypeSearch 画面**

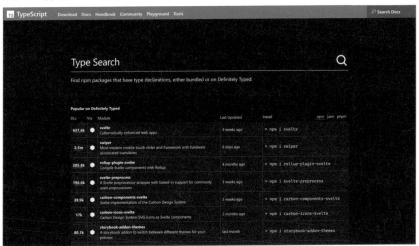

　React × TypeScript の開発では、上記 3 パターンそれぞれに合わせてライブラリの型情報を上手く扱いながら快適に実装していきましょう。

8

ライブラリの型定義の中身を見たいときは VSCode 等のエディタなら import してきた型定義にマウスを合わせて Mac は command + クリック、Windows は Ctrl + クリックで node_modules 配下の該当型定義のファイルまで一気に飛べるよ！世界中の人が使ってるライブラリはどんな型定義をしているのか見ると面白いから覗いてみてね！

chapter 8 まとめ

- ▶ 型安全な開発をすることはこれからの開発には必須
- ▶ tsconfig.json にプロジェクトに合わせた設定を行うことでルールをカスタマイズできる
- ▶ 型を定義することで打ち間違いによるエラーを防げる
- ▶ 型を定義することで Props の打ち間違い、過不足を検知できる
- ▶ 型定義は export することで他ファイルでも参照できるので一元管理すると良い
- ▶ コンポーネントにも型を付与する（FC、VFC）
- ▶ 「?」を使いこなす
- ▶ 外部ライブラリの型定義はパターンに合わせて対応する

カスタムフック

ある程度の規模となる React アプリ
ケーションを作成していく中で「コン
ポーネントとロジックを分離する」とい
う実装が重要になってきます。この章で
はそれらを実現するためにカスタムフッ
クを学んでいきましょう！

先輩！　このデータを取得する機能の修正なんですけど、こっちのコンポーネントでも同じ処理があって修正漏れてたっす！

 あー！　ほんとだ…見逃してた。ごめん修正しておくね

以前課長に頼まれて社内システムを修正した僕たちは、気づけばすっかり社内システム担当のような位置付けになっていた。

 お、やってるねぇ～。何か問題起きたの？？

僕は機能修正の時に別の箇所でも同じ処理があることに気づかず、対応が漏れてしまったことを先岡さんに相談した。

 あ～なるほど、それはもちろん主田君の確認不足もあるけどもともとの作りが悪かったね

 そうなんですか？　どうするのが良いんでしょうか？

 もう少し慣れてきたら教えようと思ってたけどせっかく良い機会だからこのタイミングで2人にはカスタムフックを覚えてもらおうかな！実務の合間を見てやることになると思うけど

 カスタムフック！！　なんかカッコイイっすね！！

 カスタムフックを上手く使いこなせるようになると、今回みたいに複数箇所で同じロジックを使うようなケースで処理を共通化できたり、コンポーネントの保守性や可読性が上がったりするんだよ。まぁReact中級者になるには必須の知識って感じかな！

それは何としても覚えたいです！　また新しい構文を覚える必要があるんでしょうか？

 いや、そんなことはなくてカスタムフックはこれまで勉強してきた知識を応用するだけで使っていくことができるよ

 おーなんか自分でもできそうな気がしてきたっす！

 というかできてもらわないと困るからね！

 はい...

いつものようにお調子者の後藤君をからかって 3 人で笑った。しばらく続いた先岡さんによる React の指導も大詰めという雰囲気を感じながら、カスタムフックの勉強に取りかかることにした。

9-1 カスタムフックとは

カスタムフックとは任意の処理をまとめて自作のHooksを作成する実装のことを指します。カスタムフックを使うことでロジックをコンポーネントから分離させたり、複数コンポーネントでのロジックの再利用したりすることが可能となります。

カスタムフックの概要

これまで以下のようなReactに標準で搭載されているHooksを紹介してきました。

- useState
- useEffect
- useCallback
- useMemo
- useContext

ある程度それぞれの機能がイメージできるようになっているでしょうか？ちなみに本書では詳しい解説を省きますが、他にも以下のようなHooksもあります。

- useRef
- useReducer
- useLayoutEffect
- useImperaTiveHandle
- useDebugValue

カスタムフックはこういった便利機能や特定のロジック（例：データの取得、ログイン処理等）を実行するHooksをプロジェクト内で自作していきます。

推奨ルールとして、標準のHooksが全てuseから始まっているので自作のカスタムフックも **use** ～と命名します。以下、公式サイトの引用です。

> Reactのコンポーネントと違い、カスタムフックは特定のシグネチャを
> 持つ必要はありません。何を引数として受け取り、そして（必要なら）

何を返すのか、といったことは自分で決めることができます。別の言い方をすると、普通の関数と同じだということです。一目でフックのルールが適用されるものだと分かるようにするために、名前は use で始めるべきです。

※ React 公式サイトより引用 (https://ja.reactjs.org/docs/hooks-custom.html)

例えばユーザーデータ一覧を取得・設定するような Hooks の場合は、`useFetchUsers` という名前になるでしょう。

また、カスタムフックファイルの中でも各種 Hooks を使用することができます。useState を使用して State を定義したり、useEffect で副作用を制御することも可能となります。この点が通常の JavaScript の関数と異なります。ただそれ以外の一般的な関数は同じなので、「どう使っていくか」「どんなカスタムフックを作るか」などの可能性は無限大です。是非使いこなしてプロジェクトの助けになるような便利フックを作ってみてください。

実際にどのように使っていくかは後述していきます。

カスタムフックの必要性

カスタムフックの必要性を感じるために、まずはカスタムフックを使っていないシンプルなデータ取得・変換・表示のアプリケーションの例を考えてみましょう。サンプルのため TypeScript は使わない例とします。

フォルダ構成 データ取得・変換・表示のアプリケーション

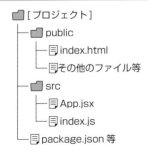

```
[プロジェクト]
├── public
│   ├── index.html
│   └── その他のファイル等
├── src
│   ├── App.jsx
│   └── index.js
└── package.json 等
```

`App.jsx` にコードを記述していきます。仮に以下のようなエンドポイントが存在するとして、この API を呼ぶと下記の一覧データが取得できることとします。

例：エンドポイント

```
https://example.com/users
```

 例：取得結果

```json
[
  {
    "id": 1,
    "firstname": " 勉 ",
    "lastname": " 主田 ",
    "age": 24
  },
  {
    "id": 2,
    "firstname": " 未来 ",
    "lastname": " 先岡 ",
    "age": 28
  },
  {
    "id": 3,
    "firstname": " 一郎 ",
    "lastname": " 後藤 ",
    "age": 23
  }
]
```

それでは実装してみましょう。

axios を使ってデータを取得するのでインストールしておきます。仕様として
は以下のようなアプリケーションとします。

- ボタン押下でユーザーデータを取得
- 取得中は「データ取得中です」を表示
- エラーが発生した場合は赤色で「エラーが発生しました」を表示
- lastname（苗字）と firstname（名前）は半角空白を空けて結合して表示

「ユーザーの一覧情報」、「ローディング中かどうか」、「エラーがあるかどうか」
という3つの State が必要となりそうです。この仕様を満たすコードの一例は
以下のようになります。

```jsx
import { useState } from "react";
import axios from "axios";

export const App = () => {
  const [userList, setUserList] = useState([]);
  const [isLoading, setIsLoading] = useState(false);
  const [isError, setIsError] = useState(false);

  // ユーザー取得ボタン押下アクション
  const onClickFetchUser = () => {
    // ボタン押下時にローディングフラグ on、エラーフラグ off
    setIsLoading(true);
    setIsError(false);

    // API の実行
    axios
      .get("https://example.com/users")
      .then(result => {
        // 苗字と名前を結合するように変換
        const users = result.data.map(user => ({
          id: user.id,
          name: `${user.lastname} ${user.firstname}`,
          age: user.age
        }));
        // ユーザー一覧 State を更新
        setUserList(users);
      })
      // エラーの場合はエラーフラグを on
      .catch(() => setIsError(true))
      // 処理完了後はローディングフラグを off
      .finally(() => setIsLoading(false));
  };

  return (
    <div>
      <button onClick={onClickFetchUser}> ユーザー取得 </button>
      {/* エラーの場合はエラーメッセージを表示 */}
      {isError && <p style={{ color: "red" }}> エラーが発生しました </p>}
      {/* ローディング中は表示を切り替える */}
      {isLoading ? (
```

9

```
          <p> データ取得中です </p>
      ) : (
        userList.map(user => (
          <p key={user.id}>{`${user.id} : ${user.name} (${user.
age} 歳) `}</p>
          ))
      )}
    </div>
  );
};
```

　上記のコードの初期表示は以下（図 9-a　初期表示）のようになります。次に
[ユーザー取得] ボタン押下でデータの取得する API を実行します（図 9-b　デー
タ取得中）。

　データの取得が完了すると、以下（図 9-c　取得結果表示）のように取得した
データが表示されます。

図 9-a　**初期表示**

図 9-b　**データ取得中**

図 9-c　取得結果表示

```
┌─────────────┐
│ ユーザー取得 │
└─────────────┘
1：主田 勉（24歳）

2：先岡 未来（28歳）

3：後藤 一郎（23歳）
```

　また、API 実行時にエラーが発生した場合は以下（図 9-d　エラーの場合）のような表示となります。

図 9-d　**エラーの場合**

```
┌─────────────┐
│ ユーザー取得 │
└─────────────┘
エラーが発生しました
```

　機能の実現はできていますが、`onClickFetchUser` 関数の中でフラグの設定やデータの取得・変換を行っているため、コンポーネントのコード量が増えてしまっています。本来コンポーネントの責務は**与えられたデータに基づいて画面の見た目を構築すること**なのでこの複雑なロジック部分は分離してあげるほうが良さそうです。

　また、他のコンポーネントで同様のユーザー一覧取得を実装することになった場合、`onClickFetchUser` 関数の中身を全てコピー＆ペーストしていくことになるでしょう。そうした場合、後に取得ロジックの変更があると複数のコンポーネントを修正していくという今回の主田君のようになってしまいます。

　ではこのようなコードを改善していくためにカスタムフックを学んでいきましょう。

9

9-2 カスタムフックの雛形を作成

それではカスタムフックを作成していきます。先ほど実装したプロジェクトに追加していきましょう。

まずはカスタムフックを入れるためのフォルダを作成して、その中に **useFetchUsers.js** という名称でファイルを作成します。

フォルダ構成 カスタムフック用のフォルダを作成

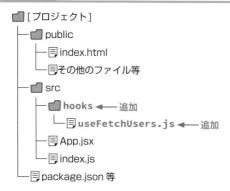

カスタムフックの実体はただの関数なので以下のように関数を実装していきます。他ファイルから利用するのでコンポーネントと同様 **export** するのを忘れないようにします。

カスタムフックの関数を実装　　　　　　　　　　　　　　　　　　┃useFetchUsers.js

```
// ユーザー一覧を取得するカスタムフック
export const useFetchUsers = () => {}
```

ではまずはコンポーネント側から接続できるかどうかを確認したいので、仮のState と関数を定義して **return** で返却しておきます。

仮の State と関数の定義　　　　　　　　　　　　　　　　　　　　┃useFetchUsers.js

```
import { useState } from "react"; ←------追加

// ユーザー一覧を取得するカスタムフック
```

248

```
export const useFetchUsers = () => {
  const [userList, setUserList] = useState([{ id: 1 }]);          追加

  const onClickFetchUser = () => alert(' 関数実行 ')

  // まとめて返却したいのでオブジェクトに設定する
  return { userList, onClickFetchUser }                           追加
}
```

カスタムフックでは State や関数等、複数の値を return していくことが多い
ので上記のようにオブジェクト（または配列）でまとめて返却することが多いで
す。ちなみに上記は **userList** というプロパティに **userList** という変数の
値を割り当てていますが、これは「2-7. オブジェクトの省略記法」(P.55) で紹介
した省略記法を使っています。

このカスタムフックをコンポーネントから実行する場合、以下のように記述し
ます。不要な部分は一旦削除してしまいましょう。

不要な個所の削除　　　　　　　　　　　　　　　　　　　　　　　| App.jsx

```
import { useState } from "react";
import axios from "axios";                                        削除
import { useFetchUsers } from "./hooks/useFetchUsers";            追加


export const App = () => {
  // カスタムフックの使用
  // 関数を実行し返却値を分割代入で受け取る
  const { userList, onClickFetchUser } = useFetchUsers();         追加
  console.log(userList); // [{ id: 1 }]
  const [userList, setUserList] = useState([]);                   削除
  const [isLoading, setIsLoading] = useState(false);
  const [isError, setIsError] = useState(false);

  // ユーザー取得ボタン押下アクション
  const onClickFetchUser = () => {                                削除
    // ボタン押下時にローディングフラグ on、エラーフラグ off
    setIsLoading(true);
    setIsError(false);
                                                                  削除

    // API の実行
    axios
```

9

```
        .get("https://example.com/users")
        .then(result => {
          // 苗字と名前を結合するように変換
          const users = result.data.map(user => ({
            id: user.id,
            name: `${user.lastname} ${user.firstname}`,
            age: user.age
          }));
          // ユーザー一覧 State を更新              ·-----削除
          setUserList(users);
        })
        // エラーの場合はエラーフラグを on
        .catch(() => setIsError(true))
        // 処理完了後はローディングフラグを off
        .finally(() => setIsLoading(false));
    };

  return (
    <div>
      <button onClick={onClickFetchUser}> ユーザー取得 </button>
      {/* エラーの場合はエラーメッセージを表示 */}
      {isError && <p style={{ color: "red" }}> エラーが発生しました </
p>}
      {/* ローディング中は表示を切り替える */}
      {isLoading ? (
        <p> データ取得中です </p>
      ) : (
        userList.map(user => (
          <p key={user.id}>{`${user.id}：${user.name}（${user.
age} 歳）`}</p>
        ))
      )}
    </div>
  );
};
```

　userList にカスタムフック側で設定した値が入っていることが確認できます。また、この状態でボタンを押下するとアラートが表示されカスタムフック側で定義した **onClickFetchUser** 関数が正しく実行されていることが確認できます。

図 9-e　**ボタン押下結果**

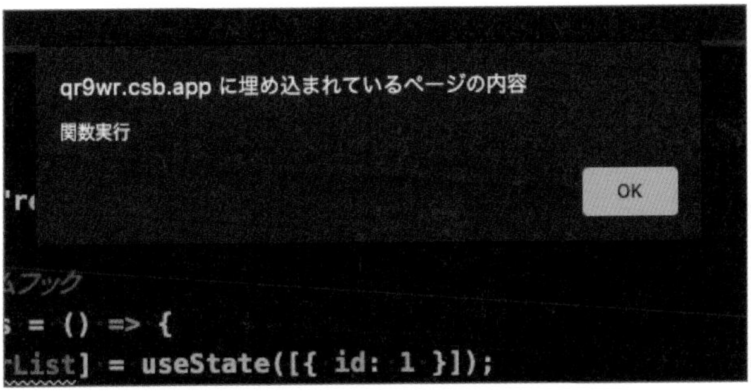

　カスタムフックはこのようにコンポーネント側で読み込んだフックを実行し、場合によっては返却値を複数受け取り使用していきます。

9-3　カスタムフックの実装

　それでは雛形の作成と接続の確認ができたので処理を実装していきます。と言ってもほとんどもともと書いていた処理を移動させるだけとなります。`userList` だけでなく `isLoading` や `isError` もユーザー一覧取得に関係する State なのでカスタムフックに持っていきましょう。

データ取得の処理の実装　　　　　　　　　　　　　　　　　**|** useFetchUsers.js

```
import { useState } from "react";
import axios from "axios"; ←--------------------------------追加


// ユーザー一覧を取得するカスタムフック
export const useFetchUsers = () => {
  const [userList, setUserList] = useState([{ id: 1 }]); ←----削除
  const [userList, setUserList] = useState([]);
  const [isLoading, setIsLoading] = useState(false); --------追加
  const [isError, setIsError] = useState(false);

  const onClickFetchUser = () => alert(' 関数実行 ') ←-----------削除
  // ユーザー取得ボタン押下アクション
  const onClickFetchUser = () => { ←--------------------------追加
```

9

```
      // ボタン押下時にローディングフラグ on、エラーフラグ off
      setIsLoading(true);
      setIsError(false);

      // API の実行
      axios
        .get("https://example.com/users")
        .then(result => {
          // 苗字と名前を結合するように変換
          const users = result.data.map(user => ({
            id: user.id,
            name: `${user.lastname} ${user.firstname}`,          ----- 追加
            age: user.age
          }));
          // ユーザー一覧 State を更新
          setUserList(users);
        })
        // エラーの場合はエラーフラグを on
        .catch(() => setIsError(true))
        // 処理完了後はローディングフラグを off
        .finally(() => setIsLoading(false));
    };

    // まとめて返却したいのでオブジェクトに設定する
    return { userList, onClickFetchUser }  -------------------- 削除
    return { userList, isLoading, isError, onClickFetchUser };  ---
  }                                                             追加 -
```

データ取得の処理の実装

| App.jsx

```
import { useState } from "react";
import { useFetchUsers } from "./hooks/useFetchUsers";

export const App = () => {
  // カスタムフックの使用
  // 関数を実行し返却値を分割代入で受け取る
  const { userList, onClickFetchUser } = useFetchUsers();  ---- 削除
  const { userList, isLoading, isError, onClickFetchUser } =
useFetchUsers();  -------------------------------------------- 追加
  console.log(userList); // [{ id: 1 }]
  const [isLoading, setIsLoading] = useState(false);  -------- 削除
  const [isError, setIsError] = useState(false);
```

```
  return (
    <div>
      <button onClick={onClickFetchUser}> ユーザー取得 </button>
      {/* エラーの場合はエラーメッセージを表示 */}
      {isError && <p style={{ color: "red" }}> エラーが発生しました </
p>}
      {/* ローディング中は表示を切り替える */}
      {isLoading ? (
        <p> データ取得中です </p>
      ) : (
        userList.map(user => (
          <p key={user.id}>{`${user.id} : ${user.name} (${user.
age} 歳) `}</p>
        ))
      )}
    </div>
  );
};
```

　これで完全にロジックの分離をすることができました。カスタムフック化する前と比べて `App.jsx` が非常にすっきりしました。また、他のコンポーネントでユーザー一覧取得をしたい場合も、以下のように2行追加するだけで実装できるようになりました。

追加した処理　　　　　　　　　　　　　　　　　　　　　　　 ▎App.jsx

```
import { useFetchUsers } from "./hooks/useFetchUsers";
// ... 省略
  const { userList, isLoading, isError, onClickFetchUser } =
useFetchUsers();
```

　ロジックに変更があった場合も `useFetchUsers` を修正するだけなので主田君のように修正漏れをすることもないでしょう。
　このようにカスタムフックを適切に使用していくことで可読性・保守性の高いReact開発を行うことが可能となります。是非マスターして使いこなしていきましょう。

9

サーバレスアーキテクチャを提供するサービス

 ２人ともお疲れ様〜！　最初と比べてだいぶ React の理解が進んだんじゃないかな！

 いや、本当に先岡さんのおかげです。頭が上がりません

 先輩！　この知識を生かして個人開発で何かつくりたいなーと思ったんすけどやっぱバックエンドの言語何か勉強しないといけないすかね？？

 まぁもちろん追い追いはやっていかないとね。ただサーバレスアーキテクチャを提供するサービスを使えばバックエンド環境構築しなくても作っていけると思うよ。主田君どんなサービスがあるか知ってるかな？

 えーと...Firebase...とかですかね...？

 そうそう Firebase も１つだね。あとは AWS Amplify とかもあるかな。最近人気が出てきてる Supabase も私的には要チェックだな〜！

 おー！　そういうの使えばええ感じにバックエンドの機能作れたりするんすね！ちょっと試してみます！！

まとめ

- ▶ React 標準の Hooks だけではなく、自作の Hooks を作ることができる
- ▶ use~ の名称で作成する自作の Hooks を総称してカスタムフックと呼ぶ
- ▶ カスタムフック化することでロジックと View（見た目）を分離できる
- ▶ カスタムフック化することでロジックの再利用が可能になる
- ▶ カスタムフック化することで変更時の対応箇所を局所化できる

付録

React × TypeScript
実践演習

React × TypeScript での
アプリ作成実践

では最後に本書で学んだことの総復習として、3章で作成したメモアプリと同じものを作成する例を見ていきましょう。

ReactとTypeScriptを用いて開発します。CSSライブラリは何を用いても良いですが、この例では styled components を使用します。

特に新しい内容や概念が出てくることはないので、解説は最低限としています。チャレンジしたい方はまずはこの先のサンプルコードを見ずに実装してみて、答え合わせとして活用してください。

事前準備

今回作成するメモアプリを再度確認しておきましょう。以下（図a～図c）がメモアプリの仕様になります。

図a　初期表示

図b　テキストボックスにメモ内容を入力

図 c　追加ボタンを押下後

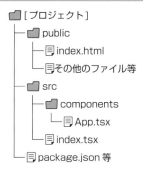

このようにテキストボックスに内容を入力して [追加] ボタンを押下すると一覧に追加され、各行の [削除] ボタンを押下すると該当行が一覧から削除されるというものでした。これを React バージョンで作成していきましょう。

まずは CodeSandbox または create-react-app コマンドで React×TypeScript のプロジェクトを作成します。初期配置するファイルは以下のようにしておきます。

フォルダ構成　初期配置するファイル

```
📁 [プロジェクト]
├─📁 public
│  ├─📄 index.html
│  └─📄 その他のファイル等
├─📁 src
│  ├─📁 components
│  │  └─📄 App.tsx
│  └─📄 index.tsx
└─📄 package.json 等
```

事前準備　　　　　　　　　　　　　　　　　　　　　　　│ index.tsx

```tsx
import ReactDOM from "react-dom/client";
import { App } from "./components/App";

const root = ReactDOM.createRoot(
  document.getElementById("root") as HTMLElement
);
root.render(<App />);
```

```
export const App = () => {
  return <h1>簡単メモアプリ</h1>;
};
```

　h1 タグで画面に表示するタイトルだけ実装しています。また、styled-components と @types/styled-components をインストールしておきましょう。ではこの状態から開発を進めていきましょう。

A-2　メモアプリの実装

　メモアプリを実装した App.tsx ファイルは以下のようなコードになります。分からない箇所があれば本書の該当する章を見返してみてください。まずは全ての処理を App.tsx に記述している例です。

メモアプリの実装　　　　　　　　　　　　　　　　　　　‖ App.tsx

```
import { ChangeEvent, useState, FC } from "react";
import styled from "styled-components";

export const App: FC = () => {
  // テキストボックス State
  const [text, setText] = useState<string>("");
  // メモ一覧 State
  const [memos, setMemos] = useState<string[]>([]);

  // テキストボックス入力時に入力内容を State に設定
  const onChangeText = (e: ChangeEvent<HTMLInputElement>) =>
setText(e.target.value);

  // [追加] ボタン押下時
  const onClickAdd = () => {
    // State 変更を正常に検知させるため新たな配列を生成
    const newMemos = [...memos];
    // テキストボックスの入力内容をメモ配列に追加
    newMemos.push(text);
```

```
    setMemos(newMemos);
    // テキストボックスを空に
    setText("");
  };

  // ［削除］ボタン押下時（何番目が押されたかを引数で受け取る）
  const onClickDelete = (index: number) => {
    // State 変更を正常に検知させるため新たな配列を生成
    const newMemos = [...memos];
    // メモ配列から該当の要素を削除
    newMemos.splice(index, 1);
    setMemos(newMemos);
  };


  return (
    <div>
      <h1> 簡単メモアプリ </h1>
      <input type="text" value={text} onChange={onChangeText} />
      <SButton onClick={onClickAdd}> 追加 </SButton>
      <SContainer>
        <p> メモ一覧 </p>
        <ul>
          {memos.map((memo, index) => (
            <li key={memo}>
              <SMemoWrapper>
                <p>{memo}</p>
                <SButton onClick={() => onClickDelete(index)}> 削
除 </SButton>
              </SMemoWrapper>
            </li>
          ))}
        </ul>
      </SContainer>
    </div>
  );
};

const SButton = styled.button`
  margin-left: 16px;
`;
const SContainer = styled.div`
  border: solid 1px #ccc;
```

A

```
  padding: 16px;
  margin: 8px;
`;
const SMemoWrapper = styled.div`
  display: flex;
  align-items: center;
`;
```

A-3 コンポーネント化

　メモの一覧を表示しているエリアはコンポーネント化しても良さそうなのでしていきましょう。`MemoList.tsx` という名前で新しくコンポーネントを作成し、移植していきます。

フォルダ構成　コンポーネント作成

```
📁[プロジェクト]
├─ 📁 public
│   ├─ 📄 index.html
│   └─ 📄 その他のファイル等
├─ 📁 src
│   ├─ 📁 components
│   │   ├─ 📄 App.tsx
│   │   └─ 📄 MemoList.tsx ◀── 追加
│   └─ 📄 index.tsx
└─ 📄 package.json 等
```

コンポーネント作成　　　　　　　　　　　　　　　　　　　　　　　　| App.tsx

```
import { ChangeEvent, useState, FC, useCallback } from "react";
import styled from "styled-components";
import { MemoList } from "./MemoList"; ◀------ 追加

export const App: FC = () => {
  // テキストボックス State
  const [text, setText] = useState<string>("");
  // メモ一覧 State
```

```
const [memos, setMemos] = useState<string[]>([]);

// テキストボックス入力時に入力内容を State に設定
const onChangeText = (e: ChangeEvent<HTMLInputElement>) =>
setText(e.target.value);

// 追加ボタン押下時
const onClickAdd = () => {
  // State 変更を正常に検知させるため新たな配列を生成
  const newMemos = [...memos];
  // テキストボックスの入力内容をメモ配列に追加
  newMemos.push(text);
  setMemos(newMemos);
  // テキストボックスを空に
  setText("");
};

// [削除]ボタン押下時（何番目が押されたかを引数で受け取る）
const onClickDelete = (index: number) => {                    •----------------削除
const onClickDelete = useCallback((index: number) => {        •----追加
  // State 変更を正常に検知させるため新たな配列を生成
  const newMemos = [...memos];
  // メモ配列から該当の要素を削除
  newMemos.splice(index, 1);
  setMemos(newMemos);
};                                                            •----------------削除
}, [memos]);                                                  •----------------追加

return (
  <div>
    <h1> 簡単メモアプリ </h1>
    <input type="text" value={text} onChange={onChangeText} />
    <SButton onClick={onClickAdd}> 追加 </SButton>              追加--
    <MemoList memos={memos} onClickDelete={onClickDelete} />   •--
    <SContainer>                                              •-
      <p> メモ一覧 </p>
      <ul>
        {memos.map((memo, index) => (
          <li key={memo}>
            <SMemoWrapper>
              <p>{memo}</p>
              <SButton onClick={() => onClickDelete(index)}> 削
```

A

```
除 </SButton>
                </SMemoWrapper>
            </li>
          ))}
        </ul>
      </SContainer>
    </div>
  );
};

const SButton = styled.button`
  margin-left: 16px;
`;
const SContainer = styled.div`
  border: solid 1px #ccc;
  padding: 16px;
  margin: 8px;
`;
const SMemoWrapper = styled.div`
  display: flex;
  align-items: center;
`;
```

削除

削除

コンポーネント作成 | MemoList.tsx

```
import { FC } from "react";
import styled from "styled-components";

// 必要な Props はメモ一覧と削除時に実行する関数
type Props = {
  memos: string[];
  onClickDelete: (index: number) => void;
};

export const MemoList: FC<Props> = props => {
  const { memos, onClickDelete } = props;

  return (
    <SContainer>
      <p> メモ一覧 </p>
      <ul>
        {memos.map((memo, index) => (
```

```
            <li key={memo}>
              <SMemoWrapper>
                <p>{memo}</p>
                <SButton onClick={() => onClickDelete(index)}>削除
</SButton>
              </SMemoWrapper>
            </li>
          ))}
        </ul>
      </SContainer>
    );
  };

  const SButton = styled.button`
    margin-left: 16px;
  `;
  const SContainer = styled.div`
    border: solid 1px #ccc;
    padding: 16px;
    margin: 8px;
  `;
  const SMemoWrapper = styled.div`
    display: flex;
    align-items: center;
  `;
```

　メモ一覧部分のコンポーネント化に成功しました。**onClickDelete** 関数は Props で渡していくことになるので **useCallback** を使って関数をメモ化しておくと良いでしょう。

A-4　カスタムフック化

　最後にメモに関するロジックと一覧データを、カスタムフックを使って分離してみましょう。**hooks** フォルダを作成してその配下に **useMemoList.ts** という名前でカスタムフックを作成し実装します。カスタムフックには「メモ一覧のデータ」「メモ追加ロジック」「メモ削除ロジック」を入れていくと良いでしょう。

A

```
[プロジェクト]
├ public
│  ├ index.html
│  └ その他のファイル等
├ src
│  ├ components
│  │  ├ App.tsx
│  │  └ MemoList.tsx
│  ├ hooks ◀──── 追加
│  │  └ useMemoList.ts ◀──── 追加
│  └ index.tsx
└ package.json 等
```

カスタムフック化　　　　　　　　　　　　　　　　　　　　　　　| App.tsx

```tsx
import { ChangeEvent, useState, FC } from "react";
import styled from "styled-components";
import { MemoList } from "./MemoList";
import { useMemoList } from "../hooks/useMemoList"; ◀─────── 追加


export const App: FC = () => {
  // カスタムフックからそれぞれ取得
  const { memos, addTodo, deleteTodo } = useMemoList(); ◀───── 追加
  // テキストボックス State
  const [text, setText] = useState<string>("");
  // メモ一覧 State
  const [memos, setMemos] = useState<string[]>([]); ◀─────── 削除

  // テキストボックス入力時に入力内容を State に設定
  const onChangeText = (e: ChangeEvent<HTMLInputElement>) =>
setText(e.target.value);

  // [追加] ボタン押下時
  const onClickAdd = () => {
    // State 変更を正常に検知させるため新たな配列を生成
    const newMemos = [...memos];
    // テキストボックスの入力内容をメモ配列に追加     ─────── 削除
    newMemos.push(text);
    setMemos(newMemos);
```

```
    // カスタムフックのメモ追加ロジック実行
    addTodo(text); •-------------------------------追加
    // テキストボックスを空に
    setText("");
  };

  // [削除]ボタン押下時（何番目が押されたかを引数で受け取る）
  const onClickDelete = useCallback((index: number) => {
    // State 変更を正常に検知させるため新たな配列を生成
    const newMemos = [...memos];
    // メモ配列から該当の要素を削除
    newMemos.splice(index, 1);                        削除
    setMemos(newMemos);
  }, [memos]);
    // カスタムフックのメモ削除ロジック実行
    deleteTodo(index);                                追加
  }, [deleteTodo]);


  return (
    <div>
      <h1>簡単メモアプリ</h1>
      <input type="text" value={text} onChange={onChangeText} />
      <SButton onClick={onClickAdd}>追加</SButton>
      <MemoList memos={memos} onClickDelete={onClickDelete} />
    </div>
  );
};

const SButton = styled.button`
  margin-left: 16px;
`;
```

カスタムフック化 | useMemoList.ts

```
import { useCallback, useState } from "react";

// メモ一覧に関するカスタムフック
export const useMemoList = () => {
  // メモ一覧 State
  const [memos, setMemos] = useState<string[]>([]);

  // メモ追加ロジック
  const addTodo = useCallback((text: string) => {
```

A

265

```
        // State 変更を正常に検知させるため新たな配列を生成
        const newMemos = [...memos];
        // テキストボックスの入力内容をメモ配列に追加
        newMemos.push(text);
        setMemos(newMemos);
        // 依存配列に忘れずに memos を設定
    }, [memos]);

    // メモ削除ロジック
    const deleteTodo = useCallback((index: number) => {
        // State 変更を正常に検知させるため新たな配列を生成
        const newMemos = [...memos];
        // メモ配列から該当の要素を削除
        newMemos.splice(index, 1);
        setMemos(newMemos);
    }, [memos]);

    return { memos, addTodo, deleteTodo };
};
```

　メモ一覧に関するデータとロジックをカスタムフックに分離することができました。

　作成した関数（**addTodo**）は引数に「追加する項目」を受け取り、それをメモ配列に追加するというロジックを担います。削除の関数（**delteTodo**）は引数に「削除対象が何番目か」を受け取り、それをメモ配列から削除するというロジックを担います。このようにロジックのみを分離することで、例えばボタン押下時以外であってもこのカスタムフックを使用することができるので他のコンポーネントからも使いやすいでしょう。

　最初は上記のステップのように

- まずは１つのコンポーネントに実装
- コンポーネント化できそうな箇所を分割
- ロジック分離できそうな箇所をカスタムフック化

と、段階を踏んで実装していくと分かりやすいと思うので、是非トライしてみてください。

さいごに

　本書を最後まで読んでいただきありがとうございました。私にとって人生初となる出版経験で、至らぬところがあったかと思います。普段小さいサイクルでコードのカイゼンをし、本番環境にデプロイしている身からすると『出版』というのは簡単に修正できるものでもなければ気軽に書けるものでもなかったため、なかなかプレッシャーのかかる作業でした。

　また、私事で恐縮ですが、執筆依頼を受けた時はちょうど会社を設立したばかりで2人の社員と「さぁこれから自社サービス開発やっていくぞ」というタイミングだったため、この依頼を受けるべきか非常に悩みました（生意気な話ですが…）。それでも執筆しようと思ったのは、自分が何かを学ぶ時にその恩恵を受けているように、この業界はとにかく知識を巡らせてなんぼだと思うからです。

　私自身も2、3年前は先人の遺してくれた React の様々な教材で学びながらここまでやってこれました。業界全体で見たら私はまだまだ未熟な存在ではありますが、勇気を出してこれから学習する人に向けて「こう伝えたら分かりやすいんじゃないか」というのを自分なりに考えてアウトプットすると思いもよらぬ反応をもらえることもあります。どんなステージにいる人でも自分の通った道をこれから通る人に知識を巡らすことでこの業界はもっと良くなっていくのだと思います。

　フロントエンドは技術の移り変わりが激しく、2、3年もあれば全く違う技術スタックで開発してるなんてことはざらにあります。そんな大変な世界ではありますが、直接ユーザーの目に触れる部分の実装はやりがいがありますし、常にフレッシュな情報が流れてくる飽きないこの領域はそれ以上に楽しいです。

　本書を読み終えた方はこれから「コンポーネント設計」、「フロントエンドテスト」、「Next.js」、「GraphQL」、「複雑な状態管理」、「各種 Serverless 周辺知識」、「バックエンド /DB の知識」、「アクセシビリティ」、「PWA」等々、まだまだ登る壁はあるかと思います。本書が、それらの道に繋がるであろう「React 開発のスタート地点」に気持ち良く立つための一助になれば幸いです。

　最後になりますが、本書の作成にあたりアドバイスをくださった書籍執筆の大先輩である市谷聡啓さん、懇切丁寧なレビューをくれた大内拓志さん・水島優輝さん、今回出版の機会をくださり一緒に納得いく本に仕上げてくれた SB クリエイティブの荻原さん、いつも私の React の教材に感想やレビューをくれる方々・ノーマウント勉強会のメンバー、皆様のおかげで本書が完成したと思います。心より感謝申し上げます。

じゃけぇ（岡田拓巳）

index

■本書サポートページ

https://isbn2.sbcr.jp/10722/

- 本書をお読みいただいたご感想を上記URLからお寄せください。
- 上記URLに正誤情報、サンプルダウンロードなど、本書の関連情報を掲載しておりますので、あわせてご利用ください。
- 本書の内容の実行については、すべて自己責任のもとで行ってください。内容の実行により発生した、直接・間接的被害について、著者およびSBクリエイティブ株式会社、製品メーカー、購入された書店、ショップはその責を負いません。

著者紹介

じゃけぇ(岡田 拓巳)

株式会社Reach Script代表取締役。SIer、フリーランスのフロントエンドエンジニアを経て同社を設立。自身もエンジニアとしてペット×テクノロジーのサービス開発に取り組む。動画教材販売プラットフォームUdemyでReactの学習講座を2コース出しており、それぞれのコースが最高評価を獲得する等、ベストセラー講師となっている。

HP：https://reach-script.com/
Twitter：https://twitter.com/bb_ja_k
Udemy：https://www.udemy.com/user/huriransuziyakee/

モダンJavaScriptの基本から始める React実践の教科書

2021年 9月28日　初版第1刷発行
2024年12月11日　初版第8刷発行

著者	じゃけぇ(岡田 拓巳)
発行者	出井 貴完
発行所	SBクリエイティブ株式会社
	〒105-0001　東京都港区虎ノ門2-2-1
	https://www.sbcr.jp
装幀	新井 大輔
制作協力	株式会社サイドランチ
カバー・本文イラスト	森下 なを
本文デザイン・組版	クニメディア株式会社
編集	荻原 尚人
印刷	株式会社シナノ

落丁本、乱丁本は小社営業部にてお取り替えいたします。
定価はカバーに記載されております。

Printed in Japan ISBN978-4-8156-1072-2